Mário Jorge Pereira

Técnicas Avançadas de Manutenção

2ª Edição
Revisada e Ampliada

EDITORA CIÊNCIA MODERNA

Técnicas Avançadas de Manutenção – 2ª Edição Revisada e Ampliada

Editor: Paulo André P. Marques
Produção Editorial: Dilene Sandes Pessanha
Capa: Paulo Vermelho
Diagramação: Greice Marry
Copidesque: Thais da Conceição Alves

FICHA CATALOGRÁFICA

PEREIRA, Mário Jorge da Silva.

Técnicas Avançadas de Manutenção – 2ª Edição Revisada e Ampliada

Rio de Janeiro: Editora Ciência Moderna Ltda., 2017.

1. Engenharia de segurança. 2. Engenharia de máquinas.
I — Título

ISBN: 978-85-399-0917-9 CDD 620.86
621.8

Editora Ciência Moderna Ltda.
R. Alice Figueiredo, 46 – Riachuelo
Rio de Janeiro, RJ – Brasil CEP: 20.950-150
Tel: (21) 2201-6662/ Fax: (21) 2201-6896
E-MAIL: LCM@LCM.COM.BR
WWW.LCM.COM.BR **08/17**

Dedico este livro...

Aos meus pais, pela minha formação pessoal e profissional.

À minha esposa, Sônia Ossoski Pereira, pela dedicação e apoio incondicional.

À minha filha, Patrícia Ossoski Pereira, que nos orgulha em todos os momentos de nossas vidas.

À minha irmã, Sandra Helena Rodrigues, pela companhia e carinho ao longo dos anos, principalmente após o falecimento de nossos pais.

Aos familiares, amigos e colegas de trabalho pelo reconhecimento do meu trabalho.

A todos, muito obrigado!

Agradecimentos

Aos profissionais e colaboradores da Editora Ciência Moderna.

"A mente que se abre a uma nova ideia jamais voltará ao seu tamanho original".

Albert Einstein, físico alemão, conhecido por desenvolver a Teoria da Relatividade que possibilitou o desenvolvimento da energia nuclear. Em 1905, considerado o ano miraculoso para Einstein, publicou quatro artigos fundamentais para a física do século XX. Em razão destas importantes realizações, 100 anos após, em 2005, comemorou-se como sendo "O Ano Internacional da Física". Em 1921, recebeu o Prêmio Nobel pelo trabalho sobre o "Efeito Fotoelétrico".

Prefácio

A importância das Técnicas de Manutenção

Nos ambientes industriais são exigidas cada vez mais altas eficiências operacionais e da mesma maneira, a previsibilidade das falhas e dos tempos reduzidos para os reparos. Portanto, exige-se que as áreas de manutenção obtenham a origem das falhas e não tão somente os seus efeitos (quebras imprevistas, degradação etc.) eliminando as falhas de forma efetiva e gerenciando os processos de desgaste normal nos diversos componentes das máquinas.

As ações efetivas induzem a uma boa gestão dos processos de desgaste normal dos ativos numa organização. Ainda prevê a alta competitividade em atingir e manter a estabilidade dos equipamentos, levando em conta a qualidade em fases como: planejamento, execução e controle efetivos dos custos.

No meu livro **"Engenharia de Manutenção – Teoria e Prática"**, no Capítulo III, são abordadas de forma mais detalhada, as principais características das manutenções do tipo Corretiva, Preventiva e Preditiva, aliás todas bem conhecidas em ambientes de serviços.

Recapitulemos.

Manutenção, do latim *manus tenere,* para o português a melhor tradução seria algo como "manter o que se tem". Termo utilizado tanto para definir uma atividade, quanto para um departamento. É através dela que as organizações cuidam de seus ativos patrimoniais.

A Corretiva caracteriza-se pela condição "o ativo opera até quebrar". Sob certo ponto de vista, entende-se por haver uma redução nos gastos de conservação, uma vez que o componente é substituído somente quando apresenta algum defeito. Nesta perspectiva, não há antecipação à falha.

Aos ativos considerados críticos, o mais indicado é adotar a Preventiva. O objetivo a antecipação às possíveis falhas. Os planos de revisão seguem recomendações do fabricante e considera aspectos relevantes como histórico de ocorrências em equipamentos similares. Outra característica é sobre sua execução, na qual segue ou frequências determinadas (semanal, mensal etc.) ou a partir de certo número de horas trabalhadas. Sua principal desvantagem é o gasto com substituição de componente, geralmente bem antes da ocorrência do defeito.

Já a Preditiva caracteriza-se por ser um sistema de monitoramento contínuo das condições, sem a necessidade de desligar o equipamento. Permite uma precisão maior sobre o desgaste do componente, substituindo-o quando for realmente necessário, ou seja, pouco antes de ocorrer sua falha. Contudo, exige mão de obra especializada, e os custos iniciais são elevados, mas que são diluídos ao longo de determinado período.

Neste novo trabalho, apresento a *Manutenção Proativa*. Em princípio, podemos definir como uma combinação entre sistemas preventivos e preditivos. Contudo, apresenta aspectos bem específicos e poderá ser conferido no Capítulo I deste livro. Em seguida, os detalhes da Manutenção Competitiva. Nesta nova edição, foi inserido Normas Técnicas que contribuem para os melhores resultados, entre elas a NBR ISO 55002 Gestão de Ativos. Também foi adicionado um tópico sobre o Gerenciamento do Projeto, sendo fundamental para que a aquisição de um equipamento ou nova instalação industrial ocorra conforme o planejado. Ainda no Capítulo III, o leitor poderá analisar o Caso Implementação de Manutenção Autônoma (TPM, de forma reduzida), a partir de evento ocorrido em indústria do ramo automotivo.

O leitor poderá avaliar, no Capítulo III, uma releitura que faço da Prevenção da Manutenção. Um departamento com alto nível de desempenho poderá usufruir desta condição se optar em bloquear a entrada de problemas em sua organização, mediante procedimentos preventivos numa fase inicial do projeto de um ativo. Em opinião pessoal, é nesta fase onde evitaremos ou reduziremos os grandes inconvenientes surgidos mais adiante no processo operacional.

Finalmente, a *Manutenção de classe mundial* (no capítulo IV) – *World class maintenance* –, a qual serve de parâmetro para definir metas e principais indicadores de desempenho.

A evolução tecnológica consiste no desenvolvimento de produtos (diversos já presentes em nosso convívio), com o intuito de facilitar as atividades do ser humano. Ao longo dos séculos, a manutenção evolui igualmente. Então, empresas que ainda adotam sistemas rudimentares para manter seus ativos precisam mudar. A competitividade está em reduzir os gastos e evitar que custos adicionais sejam repassados ao cliente. Evoluir na gestão de serviços é uma questão de sobrevivência. A busca pela qualidade e menor preço exige, por parte dos fornecedores, investir em qualificação e aquisição de ferramental moderno e com capacidade de executar tarefas em tempo hábil.

A área de manutenção não atua de forma independente, necessita dos setores administrativos como suprimentos, financeiro, qualidade, dentre outros. A interação e o alinhamento das metas formam o complemento final para um bom planejamento e garantia de bons resultados.

Em resumo, é preciso desmitificar alguns conceitos preconcebidos, adotar posturas proativas, combater os desperdícios e questionar os velhos hábitos. Vencer esses obstáculos é uma tarefa difícil, mas poderá contribuir significativamente para a sobrevivência da organização e o mais importante: garantir a sua lucratividade.

Sumário

Capítulo 1 – A Manutenção Proativa 1
1.1 Introdução 1
1.2 Controle de Contaminantes em Óleo Lubrificante 1
1.2.1 Equipamentos portáteis de monitoramento 4
1.2.2 Outras Técnicas de Monitoramento de Óleo 5
1.2.2.1 A Ferrografia 5
1.2.2.2 A Espectrografia 6
1.2.2.3 Análise de Óleos Isolantes 6
1.2.3 Aspectos relevantes sobre a Lubrificação Industrial 7
1.3 Controle de Contaminantes em Ar Comprimido 8
1.4 Controle de Contaminantes em Líquido de Arrefecimento 10
1.4.1 Fatores atuantes na Corrosão 12
1.4.2 Fatores atuantes na Incrustação 13
1.4.3 Fatores atuantes no *Slime* **14**
1.5 Apresentação de Casos 15
1.5.1 Caso 1 "Economia em Sistemas de Lubrificação" 15
1.5.2 Caso 2 "Extensão da vida útil de Mancais" 16
1.6 Manutenção Proativa e a Análise de Falhas 17
1.7 Qualificação Profissional em Técnicas Preditivas 19
1.8 Gestão da Manutenção com Abordagem Proativa 21

Capítulo 2 – A Manutenção Competitiva 27
2.1 Introdução 27
2.2 Como tornar a manutenção competitiva? 28
2.3 Normas Técnicas Competitivas 33
2.3.1 Introdução 33
2.4 NBR ISO 55002 – Gestão de Ativos 34

2.4.1 NR 12 – Segurança no Trabalho em Máquinas e Equipamentos....... 38
2.4.2 NR 17 – Ergonomia 41
2.5 Conclusão.. 45
2.6 A Manutenção Informatizada.. 46
2.7 Gestão de Projetos... 49
2.7.1 Introdução 49
2.8 Certificações e Formação em Gestão de Projetos 54

Capítulo 3 – A Prevenção da Manutenção 55
3.1 Introdução 55
3.2 Participação da Manutenção em Novos Projetos............................... 56
3.2.1 Principais vantagens e benefícios 56
3.3. Aquisição e Padronização de Equipamento (O termo equipamento se refere à máquina ou utilidade) 58
3.4 Manutenção Autônoma e as Novas Tecnologias................................ 66
3.4.1 Introdução 66
3.4.2 Como obter a Gestão Autônoma? 67
3.4.3 Caso: "Manutenção Autônoma em Banco de Teste para Motores" ... 70
3.4.3.1 Introdução 70
3.5 Identificar as Anomalias e Oportunidades de Melhorias 74
3.6 Limpeza, Pintura e Organização do Posto 76
3.7 Correção das anomalias e implementação de melhorias..................... 76
3.8 Descarte de Materiais Obsoletos... 77
3.9 Implementação da Manutenção Autônoma.. 78
3.10 Conclusão... 79
3.11 Análise de Defeitos em Sobressalentes 80
3.12 Melhores Práticas para a Prevenção da Manutenção........................ 82

Capítulo 4 – Manutenção de Classe Mundial... 89
4.1 Introdução 89
4.2 Principais Características da Manutenção de Classe Mundial............. 91
4.3 Indicadores de Classe Mundial 93
4.4 Tendência Mundial para a Manutenção 95

Referências Bibliográficas 99

CAPÍTULO 1
A MANUTENÇÃO PROATIVA

1.1 Introdução

A Manutenção Proativa é uma evolução dos sistemas preventivos, cuja característica principal é o monitoramento preciso das condições operacionais, permitindo uma melhor estabilidade funcional dos equipamentos.

Em contraponto, esta técnica requer, por parte dos mantenedores, conhecimentos mais detalhados do maquinário e qualificação adequada para executar o conserto.

Faz parte da contínua busca para reduzir as incidências das falhas, muitas vezes imprevistas. Permite aos técnicos de manutenção obter um melhor gerenciamento do processo de desgaste dos componentes.

1.2 Controle de Contaminantes em Óleo Lubrificante

O monitoramento da condição dos sistemas hidráulicos é sem dúvida, de grande valia num sistema preditivo, tanto no controle da frequência de limpeza, substituição do óleo, quanto na troca dos elementos filtrantes da unidade hidráulica. Porém, na Manutenção Proativa acrescentamos o processo de controle da contaminação, sendo um alerta eficaz para evitar paradas indevidas do equipamento. Quando uma falha está progredindo em componentes girantes, há geração de resíduos provenientes do desgaste, resultando na aparição de partículas anormais.

Para exemplificar, consideremos os contaminantes gerados em motores de ciclo diesel. Dividem-se em três grupos básicos:

1. Abrasivos: pó e partículas de metal.

2. Provenientes da combustão: água, ácidos e fuligem.
3. Provenientes da oxidação e nitração do óleo: verniz e lama.

Algumas destas partículas dependem do tipo de metal e óleo lubrificante envolvidos no processo. A presença de elementos metálicos ou ligas permite identificar o elemento mecânico com desgaste, por exemplo:

a) **Fe**: camisas, anéis e pistões;
b) **Pb**: casquilhos e buchas;
c) **Cr**: algumas vezes são provenientes dos aditivos;
d) **Al,Sn**: pistões e casquilhos; e
e) **Ni**: casquilhos e cilindros.

Portanto, pode-se monitorar e controlar o desgaste interno de um motor, mediante um sistema de análise dos contaminantes. Pode ser definida como uma técnica preditiva, a diferença está no enfoque proativo em razão do rigoroso critério de controle dos contaminantes.

Da mesma forma, podemos aplicar às máquinas operatrizes e seus sistemas hidráulicos (bombas, válvulas de controle etc.) para amenizar os efeitos do atrito em contatos metal-metal (eixos, engrenagens, rolamentos, mancais etc.). Os tipos de falhas mecânicas, mais comuns, são: atrito estático, engripamento, erosão e corrosão. Os contaminantes envolvidos incluem partículas sólidas, umidade (água), ar, produtos químicos ou outros materiais estranhos ao sistema.

Alguns modelos de transformadores elétricos, compressores e outras utilidades também possuem resfriamento a óleo.

A <u>contaminação por partículas</u>, geralmente, é classificada como <u>sedimento</u> e nada mais é do que o acúmulo de <u>partículas sólidas</u> provenientes do pó, respingos de solda, partículas de borracha de mangueiras e vedações, restos de areia de fundição e sedimentos de metal de componentes usinados e tantos outros.

O avanço tecnológico dos sistemas de lubrificação gera a necessidade de um incremento nos níveis de eficiência da filtragem. Dentre as falhas citadas, a mais séria é o <u>desgaste por abrasão</u> causado por partículas sólidas, muito pequena para serem vistas, e que sulcam as superfícies de rolagem e deslizantes. Portanto, o filtro existente tem a difícil tarefa de remover partículas do fluído na mesma proporção que penetram no sistema. Se avaliarmos através de testes em máquinas ferramentas, identificaremos que os filtros têm grande dificuldade em executar a retenção eficazmente, tendo em vista constantes mudanças nas condições operacionais ou mesmo por equívocos cometidos durante o reparo, tais como:

a) Temperatura e viscosidade do fluido.
b) Pressão e fluxo do fluído.
c) Choques mecânicos.
d) Efeitos de vibração e fadiga.
e) Filtros mal instalados.
f) Filtros instalados sem juntas.

Outra forma de contaminação despercebida pelos usuários é quando o fluido novo é, inicialmente, retirado do tambor pode conter <u>água</u>, podendo estar no estado dissolvido ou livre. Neste caso, os fabricantes recomendam observar procedimentos de armazenagem dos tambores.

Os fluidos hidráulicos têm a capacidade de reter mais água à medida que a temperatura aumenta. Quando em estado de aparência turva, pode se tornar claro; à medida que é aquecido, causando maiores complicações quando a temperatura decresce, tendo menos capacidade para reter a água. Quando o ponto de congelamento é alcançado, formam-se cristais de gelo afetando totalmente a função do sistema, tornando as operações deficitárias.

Estes tipos de fluidos estão constantemente expostos à água e ao vapor seja enquanto são manuseados ou como são vistos, armazenados. A água pode ser encontrada na parte superior dos tambores e decantar no fundo durante as mudanças de temperatura. Outras formas de penetração num sistema são através de: cilindro desgastado, vedações do atuador, aberturas dos reservatórios e até mesmo através da condensação, causando ferrugem ou outros problemas de corrosão.

Por último, a contaminação do fluido pelo <u>ar</u> pode ocorrer no estado dissolvido denominado "livre" ou "não dissolvido". No primeiro caso, quando em alta quantidade, tende a ocorrer um efeito negativo no trabalho desempenhado pelo sistema. Ao contrário, quando o fluido lubrificante conter o ar no estado "não dissolvido", podem ocorrer problemas quando na passagem pelos componentes: alteração de pressão que comprime o ar e produz uma grande quantidade de calor em virtude de pequenas bolhas de ar, podendo destruir os aditivos.

Ambos os processos produzem óxidos que promovem a formação de partículas ou formam um tipo de lama no líquido, levando ao desgaste e interferência em todo o sistema.

Sem dúvida os prejuízos ao sistema são inúmeros e como resultado, os níveis de contaminação devem ser monitorados para verificar o desempenho do elemento filtrante e, também, tomar as ações necessárias para manter a integridade do sistema de lubrificação.

1.2.1 Equipamentos portáteis de monitoramento

A técnica de monitorar contaminantes pode ser feita tanto como referido antes, retirando amostras de fluído para análise laboratorial ou quanto por instrumentos portáteis. A análise em laboratório exige rotinas e se torna, muitas vezes, de alto custo; e a velocidade de retorno da informação não é a mesma requerida. Então, em seu lugar entram em uso os monitores portáteis que recebem o fluído diretamente do equipamento e a análise pode ser feita no próprio local, propiciando acesso à informação em tempo real.

A seguir, exemplos de monitoramento mediante uso de instrumentação portátil.

<u>**Exemplo "1"**</u>

O **Icount PD** é uma solução eficaz em termos de redução dos custos para gerenciamento de fluido e de controle de contaminação. Caracteriza-se por ser um monitoramento independente de tendências de contaminação do sistema, tendo como principais funções:

- LED de aviso antecipado ou indicadores de exibição digital de níveis de contaminação baixos, médios e altos;
- Opção de indicador de LED da porcentagem (%) de Umidade Relativa do ar;
- Indicadores visuais com avisos sobre energia e saídas de alarme;
- Construção compatível com o fluido hidráulico e combustível; e
- *Software* de auto diagnóstico.

Figura 1.1 – Detector de partículas Icount PD
Fonte: Fabricante PARKER e http://www.vemag.com.br

Exemplo 2

Um contador de partículas portátil, destinado a ser utilizado em campo. O Icount LCM20 é uma resposta eficiente para monitoramento da contaminação de sistema de fluidos hidráulicos e lubrificantes. Geração de relatório de limpeza conforme as normas ISO, NAS e AS4059.

Figura 1.2 Contador de Partículas Icount LCM20

Fonte: Fabricante PARKER e http://www.vemag.com.br

Maiores informações sobre os equipamentos de monitoramento portátil, consultar: http://www.parker.com ou http://www.meiofiltrante.com.br

1.2.2 Outras Técnicas de Monitoramento de Óleo

1.2.2.1 A Ferrografia

A Ferrografia, ou Análise Ferrográfica, é uma das técnicas preditivas aplicada aos equipamentos industriais no seguimento de transformação. Nela, são analisados o tamanho e outras características das partículas presentes no óleo. Isso permite identificar com alta precisão o nível do desgaste.

Consiste em coletar material, depositar partículas magnéticas em lâmina usadas em laboratórios e submetê-las a observação visual. Este processo é de alto custo tendo em vista a necessidade de ser feito somente em um ambiente controlado, mão de obra qualificada além, logicamente, dos equipamentos. Outro inconveniente se deve ao longo tempo de resposta entre o envio da amostra e o retorno dos relatórios analíticos, quando evidentemente a empresa faz uso de subcontratados, quando não possui estrutura própria.

Uma limitação desta análise é em relação ao fato da dificuldade em quantificar partículas não magnéticas, tais como o alumínio, o latão ou o cobre.

1.2.2.2 A Espectrografia

A Espectrografia ou a Análise Espectrográfica é outra das técnicas preditivas, porém aplicada ao seguimento veicular, isto é, quando se deseja monitorar veículos de passeio, tratores, caminhões, empilhadeiras etc.

A principal definição, conforme a literatura existente: "*É a investigação da natureza química de uma substância pelo exame do seu espectro ou Espectro de Fraunhofer, atendendo a que a posição das bandas e riscos de emissão ou de absorção no espectro de uma substância é característico dessa substância. O espectro pode ser capturado de duas maneiras, ou pelo espectrógrafo, ou pelo espectroscópio*".

Há indícios de que está técnica não possui a precisão exigida quando aplicada a particulas maiores da ordem de 10 **micra** (0,010 **mm**).

No entanto, assim como a Ferrografia, são análises complementares ao sistema de monitoramento de contaminantes. Não devemos avaliar sua eficiência tendo como base, somente os estudos demonstrados em outras regiões do mundo, onde sabe-se que os fatores climáticos, a qualificação dos técnicos e o material empregado podem ser variáveis significativas no resultado final.

1.2.2.3 Análise de Óleos Isolantes

Os óleos isolantes são utilizados em transformadores e devem ter as suas propriedades avaliadas de acordo com a frequência pré-determinada. O objetivo é monitorar a condição do óleo de maneira a prolongar a vida útil, evitando a interrupção do fornecimento de energia elétrica. Por meio de análises físico-químicas, controla-se a qualidade do óleo e, por métodos cromatográficos, detecta-se a existência de falha.

Eis alguns dos ensaios aplicáveis aos óleos isolantes:

- **Cor:** Avalia estado de oxidação do óleo isolante.
- **Densidade**: Classifica o óleo (naftênico ou parafínico) e alteração significantes.
- **Rigidez dielétrica**: Avalia a capacidade do óleo isolante de suportar tensões elétricas sem falhar. Geralmente é influenciado pela presença de partículas sólidas e/ou água no óleo isolante.
- **Tensão Interfacial**: Avalia a presença de contaminantes e/ou produtos de oxidação.

Observação: Estes ensaios determinam se há, ou não, necessidade de substituição do óleo isolante.

O óleo isolante, em grande parte dos casos, é um óleo mineral, isto é, composto de hidrocarbonetos derivados de petróleo. Para aplicações em equipamentos elétricos são, em geral, empregados dois tipos de óleo mineral isolante: naftênicos e parafínicos.

Para maiores informações sobre coleta e ensaios de óleo isolante, consulte as normas **NBR-7070 e NBR-8840**.

1.2.3 Aspectos relevantes sobre a Lubrificação Industrial

Um dos aspectos relevantes é avaliar a qualidade dos serviços prestados por equipe própria, ou terceirizada, do chamado serviço de Lubrificação Industrial. O escopo pode abranger desde simples trocas de óleo e filtros, podendo chegar as mais completas, incluindo análise laboratorial de amostras, controle de consumos e custos.

Um eficiente Sistema de Monitoramento de Contaminantes deve:

1. Estar estabelecido os níveis de qualidade dos fluídos lubrificantes, considerando sua aplicação.
2. Ter uma filtragem eficaz, mediante avaliação da classificação dos filtros instalados nas unidades de hidráulicas, assim, reduzir ao máximo possível os níveis de contaminação.
3. Manter um rigoroso controle e um registro da evolução das partículas contaminantes provenientes dos mecanismos girantes do equipamento, mediante análise dos percentuais indicados nos relatórios das análises laboratoriais das amostras de óleo coletadas.
4. Manter planos contendo as ações necessárias para corrigir os "pontos fora de controle", sendo este fundamental para que a Manutenção Proativa atinja os objetivos e o equipamento tenha aumentado a sua via útil.

É comum, nos ambientes industriais, a crença de que isso é um acréscimo desnecessário nas despesas departamentais. Muitos esquecem os benefícios obtidos posteriormente. Evidentemente os resultados não são obtidos a curto prazo, mas se os dados forem mantidos e o monitoramento devidamente registrado em relatórios e gráficos, fica fácil visualizar o retorno obtido.

De uma maneira geral, fluidos hidráulicos e lubrificantes mantêm por mais tempo suas condições inicias (propriedades químicas e físicas) se protegidos ou pelo calor, ou umidade excessivos, pó e particulados. Os fabricantes e os fornecedores informam as condições de uso mais apropriadas e a vida útil estimada.

Concluindo, resta ao usuário definir os caminhos para início de um bom controle e monitoramento dos contaminantes.

> **NOTA DO AUTOR**
>
> Como podemos observar, estas técnicas preditivas complementam os cuidados preventivos, pois fornecem informações precisas sobre as condições que visualmente, não são detectadas e, por sua vez, contribuindo para manter os equipamentos e os veículos em boas condições operacionais. A partir dos ensaios, são gerados os relatórios, os quais apontam possíveis anormalidades que devem ser investigadas. Isso significa obter o laudo da amostra e submeter a crítica a um resultado que indica de maneira simples um termo similar ao "sem problemas". Busque maiores informações junto aos técnicos do laboratório de sua organização ou empresa prestadora de serviço, tentando identificar valores numéricos que determinem ou uma ação imediata, ou a condição de manter o monitoramento.

1.3 Controle de Contaminantes em Ar Comprimido

Os compressores são utilidades imprescindíveis para diversos processos de fabricação. Fornece pressões geralmente entre os 6 bar até 10 bar, o fluido denominado: ar comprimido.

Uma fonte confiável de ar comprimido e com altíssima qualidade é essencial para os equipamentos das fábricas dos seguimentos: medicamentos, cosméticos, alimentos, bebidas, produtos químicos etc. Podemos incluir ainda, as fábricas cujo processo é automatizado mediante sistemas pneumáticos. Portanto, existem várias aplicações e, consequentemente, padrões diferenciados em relação à classificação.

A Norma **ISO 8573-1** foi introduzida em 1991 para determinar as várias classes de qualidade. Contudo, alguns especialistas quiseram ir além destas determinações com o intuito de definir o limiar da quantidade permitida de resíduos de óleo, contidas no ar comprimido. O resultado dessa iniciativa foi a introdução da Classe **"0".**

Mas o que isso quer dizer? Qual a melhor forma de alcançar e manter a qualidade do ar com a confiança e de acordo com essa classificação?

Os itens da Norma **ISO 8573-1** foram um passo importante, pois forneceram definições claras com relação à qualidade de ar, mas usaram termos pouco vagos, como: "tecnicamente isento de óleo" ou "puro".

Para que a qualidade do ar esteja em acordo com a <u>Classe **"1"**</u>, é necessário que:

1. A quantidade total de resíduos de óleo ≤ **0.01 mg/m³**.
2. As partículas sólidas devem ser ≤ **0.1 µm** de diâmetro.
3. A concentração devem ser ≤ **0.1 mg/m³**.
4. Os níveis de umidade devem corresponder a uma temperatura ≤ **-70 °C**.

Introduzida no ano de 2001 a Classe **"0"** <u>(**0.0000 mg/m³** de hidrocarboneto e resíduos de óleo</u>) oferece aos fornecedores de ar comprimido um valor específico de qualidade de ar melhor do que a Classe **"1"**. De qualquer modo, esta classe já cobria valores ≤ 0.01 **mg/m³** de resíduos de óleo ou menos. O mesmo também se aplica a quantidade de resíduos de partículas sólidas e de umidade. Então, na prática, esta classe mais rigorosa pode ,de alguma forma, atrapalhar mais do que ajudar.

Apesar de todos os avanços no controle da poluição do ar, é incontestável o fato de que existe um crescimento acentuado dos níveis de contaminação. Muitas delas tomam a forma de vapores de óleo mineral e outros hidrocarbonetos gasosos. Mesmo os sistemas de produção e empacotamento de produtos que requerem altos níveis de higiene (alimentos, bebidas e medicamentos, exemplos já citados), também contribuem para aumentar os níveis de hidrocarbonetos no ar atmosférico.

Os sistemas compressores geralmente sugam níveis consideráveis de contaminantes junto com o ar ambiente. Por esse motivo, é impossível garantir uma qualidade de ar comprimido sem tomar medidas apropriadas de tratamento, especialmente quando não se sabe que tipos de contaminantes estão presentes no ar de admissão. Portanto, uma certificação Classe **"0"**, sob certas condições de operação, é mais fácil na teoria do que na prática.

Em contrapartida, é amplamente aceito pelos especialistas que detenções de hidrocarbonetos e resíduos de óleo tenham uma concentração mais baixa que **0.003 mg/m³,** sendo este um índice difícil de se obter e, obviamente, mais complicado provar que em uma rede de ar comprimido possua este valor.

Em certos casos, os usuários precisam contar com uma qualidade de ar específica para determinadas condições de operação e, neste caso, a melhor opção seria possuir um sistema de tratamento projetado e certificado como um todo, de acordo com os padrões contidos em normas da classe **ISO**. Contudo, os sistemas também podem ser certificados em múltiplas classes de tratamento (ver Figura 1.4) e em acordo com a exigência do cliente, pois nem todas as aplicações necessitam de ar comprimido de alta qualidade.

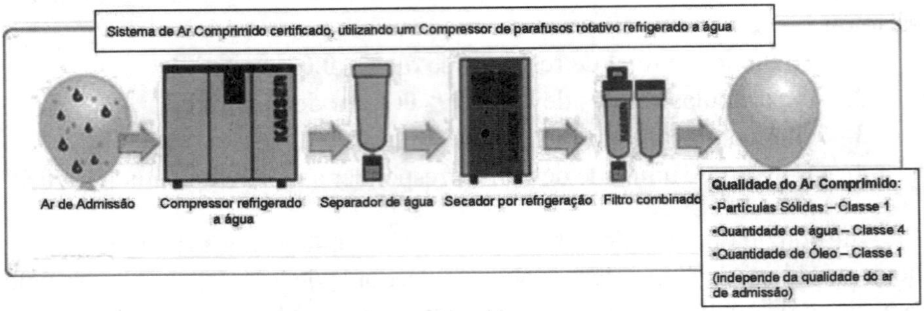

Figura 1.3 Sistema certificado para uma produção de ar comprimido eficiente e confiável, de acordo com as Classes "1", "4" e "1". (Quantidade de resíduos de óleo, umidade e partículas, respectivamente) de acordo com o ISO 8573-1 (1991).

Fonte: http://www.kaeser.com.br, foto KAESER - Reprodução permitida.

Os benefícios deste sistema incluem:

a) A identificação de fontes externas de contaminantes, como gases e vapores, existentes no ar e que contribuem para falhas e desgastes prematuros de componentes internos.

b) Identifica e quantifica o potencial de corrosão global do ambiente, permitindo ao usuário proteger seu compressor e reduzir o tempo de manutenção.

c) Um relatório completo compara resultados aos padrões de normas aplicáveis e permite que usuário quantifique os perigos para seu compressor e avalie soluções de baixo custo.

Existem ainda sistemas com informações complementares, como no caso do "kit de análise de qualidade do ar" no qual é avaliada a reatividade corrosiva do ar aspirado pelo compressor. Um relatório completo é emitido, detalhando a severidade do ambiente baseado no **Padrão ISA-S71.04-1985**.

1.4 Controle de Contaminantes em Líquido de Arrefecimento

Este tipo de análise ocorre através do controle e tratamento químico da água utilizada para resfriamento em equipamentos que necessitam de troca térmica dos seus fluidos. Este processo é comum em torres de arrefecimento instaladas, usualmente, no lado externo dos prédios industriais.

São desastrosas as consequências num sistema de água industrial, sem o tratamento adequado. Além dos danos em componentes do equipamento, como bombas e tubulações, temos a possibilidade de prejuízo ao meio ambiente.

Principais problemas e respectivos percentuais de ocorrência:

1. Corrosão (45%): tendência natural dos metais em retornar ao seu estado mais estável, isto é, na forma de *óxidos e sais*. Ocasiona vazamento mediante aparição de furos e redução da vida útil das tubulações.
2. Incrustação (15%): são depósitos ao longo de um circuito, provenientes de partículas sólidas em suspensão como sais dissolvidos que são característicos de sistemas. Este, em particular, afeta a eficácia de uma troca térmica, entupimento de dutos e aumento da perda de carga ou redução da vazão de bombas hidráulicas, ocasionando queima de relé.
3. Slime (40%): termo usado para designar todos os demais tipos que não se enquadram em corrosão ou incrustação. Surge devido à aderência e/ou sedimentação de determinado tipos de partículas que podem existir em suspensão. Essas partículas são compostas por microorganismos (algas, fungos ou ainda a muscilagem, gerada por ambos) e pequenos grânulos inorgânicos (areia, produtos da corrosão, etc.) Essas partículas são chamadas de bioflocos. O *slime* ocasiona a perda de eficiência no processo da troca térmica.

Com base nesta distribuição observa-se a importância de um tratamento adequando para água, antes e ao longo do processo. Caso contrário, certamente ocorrerão sérios problemas aos equipamentos e instalações. Aqui, percebe-se um detalhe nas organizações industriais: o pouco caso, isto é, o fato de não dar a devida importância para o tratamento da água. Geralmente contratam uma empresa que as frequências determinadas executam a reposição de produtos e, mensalmente, emite relatórios que são arquivados sem lhes dar a atenção devida. Pois, é nesta ocasião, quando se obtém os registros, é que a Manutenção Proativa entra em cena, então, devemos observar as tendências dos contaminantes com base no controle que está sendo feito. Revisar junto com a empresa contratada a evolução da qualidade da água, ações corretivas e melhorias no sistema para manter ou corrigir parâmetros fora de controle.

Juntamente com o monitoramento dos fluidos hidráulicos e do ar, a água se torna um complemento na gestão proativa e uma grande arma para reduzir as falhas no maquinário e equipamentos de produção.

1.4.1 Fatores atuantes na Corrosão

Elementos metalúrgicos envolvidos e principais características:

1. Aço Carbono: Facilmente corrosível.
2. Cobre e Ligas: Resistente à corrosão generalizada.
3. Aço Inox: Resistente à corrosão generalizada.
4. Liga Aço Carbono e Alumínio: Corrosão por [1]*Pitting* e solubilização do Alumínio (elevada alcalinidade).

Tabela 1.1 – A tabela 1.1 exibe os tipos e as demais características da camada protetiva do inibidor de corrosão.

Tipos de Inibidores	Natureza Química	Características do Filme Protetor
Passivante: gerador de filme de óxidos	❑1Cromatos; ❑2Nitritos; ❑3Molibdatos;	Filme aderente e delgado (30 a 200 **A°**). Excelente proteção contra a corrosão.
O inibidor reage com íons da água gerando sais insolúveis. Forma filme precipitado	❑4Polifosfatos ❑5Orto-fosfatos; ❑6Fosfanatos; ❑7Sais de Zinco	Relativamente poroso e espesso. Pouco aderente. Razoável proteção contra corrosão.
O inibidor reage com o íon do metal a ser protegido, gerando sais insolúveis. Forma filme precipitado.	❑ 8 Mercapto benzotriazol; ❑9Benzotriazol; ❑10 Tolitriazol;	Relativamente delgado e compacto. Razoável proteção contra a corrosão.
O inibidor forma filme adsorvido.	❑11 Aminas	Formação de uma perfeita camada absorvida sobre superfícies metálicas limpas ou em meios ácidos ou ainda em soluções não aquosas. Formação não uniforme de camada adsorvida sobre superfícies metálicas não limpas em contato com a água.

Alguns fatores que influenciam no valor da Taxa de Corrosão no Aço Carbono:

a) Temperatura acima de 60 ° **C** e velocidade da água de resfriamento maior que 0,6 **m/s**: o aumento destas variáveis eleva a taxa de corro-

[1] *Pitting*: área superficial pequena, porém a interna é grande. Ver também "Mecanismo da Corrosão por Pitting".

são. Ao contrário, a redução ocorre aplicando um inibidor que, por sua vez, minimiza o contato com a superfície metálica.

b) Qualidade da água na entrada (ou *make-up*) do circuito com, ou sem, tratamento químico: em ambos os casos deve-se controlar os índices de Corrosão, Incrustação e *Slime*. Alguns parâmetros analisados são: **pH**, Alcalinidade, Dureza (teor de Cálcio), Ferro, Sulfato etc.
c) Índice de Salinidade: é necessário um bom controle da influência de Cloretos e Sulfatos sobre o potencial corrosivo.
d) Outras condições operacionais.

1.4.2 Fatores atuantes na Incrustação

A supersaturação de sais dá início à formação de micro-cristais e a medida que o tempo avança, há o crescimento destes elementos, os quais vão se incrustando nas paredes dos dutos do circuito. Alguns destes incrustantes são: Carbonato de Cálcio (conhecido também como "sal de frutas"), Sulfato de Cálcio, Fosfato de Cálcio e Fosfato de Zinco.

A principal característica dos agentes incrustantes é o fato de serem extremamente duros e de difícil remoção, sendo o caso do Sulfato de Cálcio que aparece quando há elevadas concentrações de dureza (formação de Cálcio). Outras características são a Condutividade Térmica e Espessura que são mensuráveis.

Alguns fatores que influenciam o processo de deposição dos incrustantes (Incrustação):

a) Temperatura de superfície do trocador de calor: o aumento da temperatura favorece o crescimento da incrustação.
b) Qualidade da entrada de água no circuito: assim como na Corrosão, igualmente é necessário controlar os índices de Corrosão, Incrustação e *Slime*. Alguns parâmetros analisados são: **pH**, Alcalinidade, Dureza (teor de Cálcio), Ferro, Sulfatos etc.;
c) Condições operacionais: Temperatura elevada bem acima de 60 **°C** e velocidade, acima de 0,6 **m/s** da água nos dutos, possibilitam um crescimento acelerado da taxa de deposição. O tempo de retenção do incrustante acima de 150 horas também colabora para esta situação.

Cuidado! A velocidade abaixo de 0,2 **m/s**, também é crítica.

São imensuráveis os prejuízos a um sistema de arrefecimento caso a Incrustação não seja combatida, juntamente com a Corrosão. Os dispersantes e os agentes inibidores de incrustação são adicionados à água de entrada com a função de evitar a formação de núcleos cristalinos que quando agrupados, formam grandes concentrações de incrustantes.

1.4.3 Fatores atuantes no *Slime*

O termo ***Slime*** traduz-se pela formação de microorganismos como algas, bactérias, fungos e de pequenos grânulos inorgânicos, denominados: bioflócos.

Podem se apresentar de duas formas diferentes:

1. *Aderência do Slime*: os microorganismos aderem às paredes dos dutos do circuito, produzindo substâncias gelatinosas (mucilagem). Os sólidos suspensos também se juntam à mucilagem, dando inicio a um processo cíclico onde a camada de *Slime* tende a crescer, caso não haja um tratamento químico da água de forma adequada.
2. *Sedimentação de Biofloco*: o crescimento ocorre naturalmente, tornando-se pesado e ele irá se sedimentar em dutos de circuitos com baixa velocidade, como alertado anteriormente.

Fatores que influenciam o processo de formação do *Slime*:

a) Temperatura "ideal" para a proliferação de bactérias ocorre na faixa entre os 30 **°C** e 40 **°C**;
b) O **pH** tem um comportamento similar ao da Temperatura, possibilitando o aparecimento do *Slime* entre **ph**=7,0 e **ph**=8,5;
c) Nutrientes de microorganismos: De uma maneira geral, o Nitrogênio, Carbono e Potássio são os principais nutrientes, mas as algas também contribuem. As formas de alimentação destes microorganismos são por meio da <u>água de entrada</u> e <u>vazamentos no circuito;</u>
d) Oxigênio: Bactérias e fungos necessitam do oxigênio dissolvido na água;
e) Luz Solar: Acelera o crescimento das algas que são grandes nutrientes para os microorganismos;
f) Velocidade: A sedimentação de bioflocos ocorre em zonas de baixa velocidade (inferior a 0,3 **m/s**), tornando a incidência de *slime* muito severa.

Métodos de prevenção do ***Slime:***

1. Para evitar contaminação por sólidos suspensos e nutrientes, realiza-se um pré-tratamento da reposição de água no circuito. Também é importante eliminar vazamento no processo e instalar filtros auxiliares.

2. Aplicação de biocidas não oxidantes com o objetivo de esterilizar e, desta forma, contribuir para a redução de contagem de microorganismos e para a força de aderência.
3. Reduzindo sua força, formam-se bolhas que aderem ao *Slime* tornando possível sua remoção com mais facilmente.

Os tipos de biocidas mais conhecidos são: Cloro, Bromo e Perióxidos. A definição da melhor maneira de conter e/ou controlar a formação do *Slime,* incluindo os tipos de mais adequados de biocidas, se dá mediante uma análise global do sistema de fornecimento de água, sem correr o risco de tratamentos errôneos ou equivocados.

1.5 Apresentação de Casos

1.5.1 Caso 1 "Economia em Sistemas de Lubrificação"

Esta técnica e outras exigem disciplina e naturalmente são bem identificadas nos países do oriente, mais precisamente do Japão. Por lá, temos fortes evidências do sucesso do monitoramento dos contaminantes.

A **Siderúrgica NIPON STEEL** implementou um controle da contaminação em todos os ativos que possuem sistemas hidráulicos, envolvendo melhoria no sistema de filtragem e monitoramento rigoroso da limpeza dos fluídos lubrificantes. Os resultados foram:

a) Redução da frequência de troca de bombas em 1/5.
b) Redução da frequência acumulada de todas as falhas por causa de desgaste e contaminação à 1/10.

A partir de um sistema similar, outra Siderúrgica japonesa, a **KAVASAKI STEEL**, obtém uma redução fantástica de 97% nas falhas de componentes de sistemas hidráulicos.

Fatos como esse, fizeram como que a organização britânica, **BRITISH HYDROMECHANICS RESEARCH ASSOCIATION (BHRA)**, conduzisse estudos próprios para comprovar os benefícios do controle de contaminação, importante dentro dos conceitos da Manutenção Proativa.

O Estudo estendeu-se por três anos, abrangendo 117 máquinas com sistemas hidráulicos, divididas em oito categorias:

1. Moldagem por Injeção.
2. Máquinas Ferramentas.

3. Movimentação de Materiais.
4. Mobiliário e de Construção Civil.
5. Marítima.
6. Operação com Metais.
7. Bancadas de Testes Diversos.

Os resultados, ao final do estudo, mostraram uma relação expressiva entre os níveis de contaminação do fluido lubrificante e a vida útil do maquinário. Também uma melhoria significativa nas condições operacionais, neste caso, a redução dos contaminantes, o que auxiliou num aumento do indicador **MTBF (Mean Time Between Failure),** varia entre 10 a 50 vezes, conforme a eficácia da [2]limpeza.

1.5.2 Caso 2 "Extensão da vida útil de Mancais"

De acordo com a **Divisão de Rolamentos TWR**: "A contaminação é a causa número um de avarias dos rolamentos. O somatório dos problemas causados pelos contaminantes sólidos, que passaram entre as superfícies metálicas de rolagem e deslizantes de um mancal anti-fricção, é proporcional ao tamanho e concentração destes".

1. O programa de controle de contaminantes, relatado pela **NIPPON STEEL (ver "Caso 1")** inclui um sistema de lubrificação, envolvendo mancais fixos e de roletes. Durante o período de estudo, conseguiram 50% de redução em compras de novos mancais.
2. A **International Paper Company**, em sua unidade em **Pine Buff (EUA)**, relatou uma redução aproximada de 90% das falhas de mancais em apenas seis meses após implantarem a filtragem melhorada e controle da contaminação.

A experiência de projetistas e usuários de sistemas de fluidos hidráulicos e lubrificantes tem demonstrado que, mais de 75% das falhas apresentadas nos sistemas são atribuídas ao excesso de contaminantes, causa bloqueio dos orifícios, desgaste dos componentes, formação de ferrugem e oxidação, deficiência dos aditivos, perda de produção e aumento dos custos de manutenção

2 Neste caso específico, entenda-se o termo "limpeza de fluido" como uma propriedade dos materiais utilizados nos sistemas de filtragem que permite reduzir, ao máximo, os contaminantes existentes. Portanto, a tecnologia do fabricante determinará o grau de eficiência na filtragem do fluido hidráulico. Para maiores detalhes consulte o site: http://www.sotreq.com.br, por Jame C. Fitch

devido à reposição constante dos componentes e das trocas e descartes de fluido. A contaminação interfere nas funções básicas do fluido, como transmissão de energia, lubrificação das partes internas, troca de calor e preenchimento da folga entre os componentes móveis. A maioria das inserções de contaminantes entra no sistema através das tampas antigas do respiro do reservatório e das vedações da haste do cilindro.

Mediante controle eficiente da contaminação do sistema e programa contínuo de melhorias que minimize e remova os contaminantes reduzindo os índices de desgaste, pode estender a vida útil do equipamento em até dez vezes.

Fonte e para maiores detalhes consulte:

➠ http://www.sotreq.com.br, por Jame C. Fitch

1.6 Manutenção Proativa e a Análise de Falhas

No **"Capitulo VI ,"*Análise de Falhas em Ativos*"**, tema abordado no meu livro, **"Engenharia de Manutenção Teoria e Prática"**, estão detalhadas as questões importantes relacionadas a este assunto. As áreas mais avançadas de manutenção aplicam esta técnica de análise em complemento aos demais sistemas de monitoramento das condições operacionais dos ativos.

Geralmente as causas raízes são em grande número, por essa razão, fixa-se um percentual aceitável em relação à ocorrência. Desta forma, reduz-se a possibilidade do erro na identificação da verdadeira causa do dano ao componente.

Para entender melhor, segue um exemplo dessa situação.

Exemplo: "Análise de Falha em Rolamento de Esferas"

Ocorrência identificada e registrada pelo técnico: rolamento danificado por desgaste da pista interna.

Possíveis causas identificadas pela equipe:

1. Má qualidade do rolamento.
2. Erro de montagem.
3. Uso de equipamento inadequado para montagem no eixo.
4. Falta de treinamento.
5. Má qualidade do lubrificante.
6. Contaminação do lubrificante.
7. Falha de lubrificação.
8. Falta de lubrificação.

Em geral, nos ambientes de manutenção industrial, o rolamento é substituído sem maiores questionamentos.

Utilizando as técnicas de monitoramento de contaminantes (Gestão Proativa) em conjunto com o método de Análise de Falhas, os técnicos chegam à conclusão de que a real causa foi uma contaminação do lubrificante.

Surpreendentemente, na Manutenção Proativa isto é possível, pois o controle sobre o equipamento é mais amplo do que nos sistemas preventivos ou preditivos, a ponto de conhecermos com precisão a causa raiz. Evidentemente, isso encaminhará ações mais efetivas do que simplesmente executar a troca do lubrificante e filtros da unidade hidráulica.

Outro enfoque a considerar seria conhecer melhor o projeto do equipamento para evitar a contaminação. Uma das ações recomendadas seria verificar a necessidade da substituição de um tipo de filtro por outro com poder de filtragem mais eficaz.

Para obter a excelência em análise de falhas, se faz necessário além de treinamento, equipamentos e instrumentos aplicáveis a esta situação. Muitas empresas terceirizam os serviços de lubrificação industrial, contendo, além dos serviços inerentes, a análise em laboratórios das amostras de óleo retiradas a frequências determinadas, ou outra mais específica como foi visto na situação do exemplo descrito acima.

Manter um local desta magnitude requer, por parte da organização, um alto investimento. As siderúrgicas possuem uma estrutura laboratorial ampla, pois o próprio processo de fabricação necessita de rapidez na obtenção do resultado uma vez que os processos exigem adequações necessitando, portanto, dos resultados da análise química do produto. Neste caso, o controle de contaminantes pode ser incluído entre as funções existentes no laboratório.

Quando um equipamento é bem projetado, construído em acordo com as especificações e utilizado dentro de sua capacidade, as causas de falha são ainda mais reduzidas.

Outro fator a considerar são as adaptações feitas pelas engenharias de manufatura. Essas devem considerar rigorosamente as limitações e características técnicas, de tal forma a evitar uma sobrecarga do equipamento.

Pude observar, nas empresas onde atuei, que os projetos do ferramental a ser utilizados em Centros de Usinagem à Comando Numérico, por exemplo, nem sempre acompanham a capacidade definida pelo fabricante. Se a massa em kilograma (**kg**) exceder a capacidade da mesa, fatalmente trará prejuízos, como o desgaste prematuro dos componentes de deslizamento ou quebras por fadiga. Outro erro comum são as adaptações mediante dispositivos de regulagens para aumentar a velocidade de corte, isto é, obter maior número de peças usinadas por unidade de tempo. O efeito disso é exceder a capacidade de torque máxima de eixos, também trazendo danos de grandes proporções.

1.7 Qualificação Profissional em Técnicas Preditivas

Obviamente, uma organização não precisa ter em seu quadro: profissionais qualificados em técnicas preditivas, sendo as mais usuais Análise de Vibração e Termografia. Em muitos casos, utiliza-se a subcontratação de empresas especializadas. Contudo, acredito que o conhecimento mais amplo, aumenta o interesse no assunto e, certamente, assimiular facilita o entendimento dos laudos, bem como a identificação das melhores soluções, certamente, dentro de prioridades bem definidas. Isso faz com que sejam eliminadas as opiniões preconcebidas, em alguns casos, em oposição à aplicação de técnicas preditivas.

Treinamento em Análise de Vibração

Os técnicos de manutenção altamente treinados, certamente, terão impacto positivo na rentabilidade de uma empresa. O Centro de Confiabilidade de Máquinas da fabricante de rolamentos **SKF do Brasil** possui uma linha de trabalho com objetivos que vão além do comercial, também focado em treinar e orientar os usuários na utilização correta desta tecnologia, obtendo o melhor benefício dos equipamentos e *softwares*.

Para uma boa qualificação em Manutenção Proativa (ênfase Análise de Vibração) incluem-se os cursos de qualificação em técnicas preditivas. Identifiquei os seguintes cursos de qualificação disponibilizados (sob consulta) pela SKF do Brasil:

1. **"Balanceamento de Rotores"**
   Tem por objetivo aumentar a confiabilidade de máquinas que utilizam rotores, identificando e corrigindo problemas de desbalanceamento, diferenciando-os de outros problemas por meio do monitoramento de vibração e da análise de fase.
2. **"Alinhamento de Máquinas Rotativas"**
   Tem por objetivo principal demonstrar os métodos para um perfeito alinhamento dos eixos rotativos, a partir de tolerâncias específicas.

Os cursos cobrem o alinhamento convencional com relógios comparadores e com equipamentos de alinhamento a laser, incluindo temas como: alinhamento pelos métodos reverso e diâmetro-face, normas e tolerâncias, pré-alinhamento, identificação de pé manco etc.

3. **"Análise de Falhas em Rolamentos"**

   Possibilita o entendimento para agir proativamente na manutenção e conhecimento dos mecanismos de falha, suas causas e as devidas correções, aumentando assim a disponibilidade do equipamento. Portanto, esta modalidade objetiva o conhecimento das características normais de operação dos rolamentos e dos principais tipos de falhas, suas correções e prevenções.

4. **"Monitoramento de Máquinas"**

   O monitoramento das condições de máquina é vital para garantir a disponibilidade de uma fábrica com equipamentos rotativos. Com os recursos apropriados e equipamentos necessários, os técnicos de manutenção não apenas detectam problemas antes de resultar em uma parada de máquina, ou na danificação profunda do equipamento, mas também, agem proativamente pela análise da causa raiz dos defeitos prevenindo a reocorrência de problemas.

Treinamentos profissionalizantes:

Profissões a partir dos cursos:

"Analista de Máquinas I"

Tem como objetivo fornecer conhecimentos de detecção e análise de problemas em máquinas, pelo monitoramento de vibrações utilizando equipamentos coletores e analisadores de dados. O curso habilita o participante a identificar e solucionar os problemas mais comuns em máquinas rotativas.

"Analista de Máquinas II"

Tem como objetivo refinar os conhecimentos adquiridos no curso Analista de Máquinas I, proporcionando a identificação de defeitos específicos pela utilização de técnicas avançadas de análise de vibrações. O curso habilita o participante a identificar falhas avançadas em equipamentos e recomendar ações corretivas.

➠Para maiores informações sobre disponibilidade e conteúdo, consultar o site: http://www.skf.com.br/treinamentos

A SKF do Brasil faz parte do Grupo Sueco AB SKF que é líder mundial no mercado de rolamentos, mantendo suas vendas através de uma grande rede de distribuidores autorizados.

Treinamento em Análise Termográfica ou Termometria

Os cursos da **ABENDE (Associação Brasileira de Ensaios Não Destrutivos e Ensaios)** têm como meta a divulgação desta tecnologia de análise infravermelha ou também denominada por [3]Termográfia. Possibilita detectar as falhas ou interrupções no fornecimento de energia elétrica, ou mesmo "fugas", por aquecimento excessivo de componentes, visíveis somente por equipamentos especiais. Reduz o risco de explosões, incêndios e demais sinistros que podem, não só danificar equipamentos como causar acidentes de trabalho podendo levar à morte.

➠ Para maiores informações sobre disponibilidade e conteúdo, consultar o site: http://www.abende.org.br

Através de pesquisa em site na internet, obtive informação de outras duas entidades com foco em análise termográfica:

Infrared Training Center - América Latina

Para maiores informações sobre disponibilidade e conteúdo, consultar o site: http://www.infraredservice.com.br

AICON Tecnologia e a **FLIR Systems Brasil** tem o prazer de informar o lançamento da sucursal **ITC-AL (Infrared Training Center - América Latina)**, com sede em Sorocaba, São Paulo. Criado há 25 anos, com o objetivo de ser referência na capacitação de profissionais para a Termografia, o ITC é hoje o líder mundial nessa atividade, com sedes em Boston (USA) e Estocolmo (Suécia).

➠ Para maiores informações sobre disponibilidade e conteúdo, consultar o site: http://www.icontec.com.br/cap.asp

1.8 Gestão da Manutenção com Abordagem Proativa

Embora o responsável tenha optado por uma gestão departamental totalmente adaptada à sua empresa e com bons resultados, mediante aplicação

3 No livro "Engenharia de Manutenção Teoria e Prática" (Ed. Ciência Moderna, RJ, 2009 /Capítulo III, você poderá obter informações e figuras demonstrativas sobre a Análise Termográfica ou Termografia.

das técnicas preventivas e preditivas conhecidas, é aconselhável observar se existe uma abordagem proativa, isto é, proatividade (entende-se, também, por empenho) diária por parte da equipe. A meta principal sempre será a de evitar a degradação do ativo mediante ações que objetivam obter a "causa raiz" das falhas e não, tão somente, tratar os sintomas.

A **Manutenção Proativa,** também conhecida como **Manutenção de Diagnósticos,** resulta da combinação da Preditiva com a Preventiva e possibilita aos usuários desta técnica, identificar problemas potenciais **(Análise de Falhas)** antes de acontecerem, impactando num aumento da vida útil do equipamento. Com isso, evita-se a perda de produção e o tempo perdido com os reparos não previstos.

Neste novo enfoque, a manutenção deve ter uma visão holística, cujo interesse principal é identificar e eliminar as causas da falha de um equipamento, e não simplesmente reparar o defeito.

Um fator importante e adicional, neste contexto, é o conhecimento profundo do projeto do equipamento, o que pode gerar aumento de custos em qualificação que, na verdade, se tornará um investimento com retorno garantido, pois o técnico executará seus serviços com maior qualidade.

Ela tem recebido uma atenção mundial, como um dos meios mais importantes de se alcançar economias não obtidas pelas técnicas convencionais. A abordagem substitui a filosofia reativa (ciclo: quebra & conserta), pela proativa. Outro efeito positivo é manter as melhores condições operacionais e, com isso, bloquear agentes que levam a degradação da máquina, isto é, as falhas sucessivas.

Outra questão a considerar é o de evitar fazer o reparo ou a troca de componente, sem a real detecção clara da causa da pane. Exemplos clássicos disso são as preventivas inadequadas, indicando itens para substituição, estando estes ainda em bom estado. Vejamos o caso das correias que são trocadas em frequências determinadas sem que haja o questionamento: "Por que ocorre o desgaste prematuro ou falha?". Nesta sistemática de mantenimento, as despesas tendem a crescer ao invés de reduzir ou permanecer a níveis aceitáveis.

Questionamento: Como implementar a Manutenção Proativa?

Antes de iniciar uma gestão de classe mundial, é importante "arrumar a casa", isto é, organizar as rotinas, mediante treinamento e procedimentos. Repasso ao leitor esta sequência de ações, com base nos ensinamentos do Professor Vicente Falconi que, nos anos 80, nos ensinava como ser competitivos. Apesar do tempo, é bem atual.

Arrumando a Casa

1. Sequência de Trabalho:
1.1 Implemente o 5S's
1.2 Elimine as "Não Conformidades" (NC)
1.3 Padronize o trabalho repetitivo, crítico/prioritário
1.4 Organize o Gerenciamento – Implemente Indicadores e Técnica PDCA

Observação: "Não Conformidade" é tudo aquilo que ocorre diferente do usual, isto é, fora dos padrões.

2. Em relação às funções operacionais: todos cumprem padrões e significa evitar ou, no mínimo, reduzir os efeitos da Não Conformidade:
2.1 Padrão – adotar padrões nos processos/trabalho
2.2 Monitoramento – dos resultados, comparando com as Metas
2.3 Ação Corretiva – quando os resultados estão fora dos padrões e afeta a Meta.
2.4 CCQ – Círculos de Controle de Qualidade – Participação de Todos!

3. Fatores decisivos:
3.1 Liderança – Adotar um estilo conforme a maturidade do grupo de trabalho
3.2 Educação e Treinamento

4. Meta (*Goal*): Adotar metas em acordo com as estratégias da organização. Por exemplo, de uma Descrição de Meta: Usina de Cogeração a Gás

   "Fornecer energia elétrica e térmica de acordo com as especificações contratuais de forma a superar as expectativas do Cliente ULBRA".

5. Organização do "Gerenciamento da Rotina":
5.1 Definir as Metas
5.2 Definir *Benchmarking* e *Goal* (aonde se quer chegar! Padrão Classe Mundial)
5.3 Definir Itens de Controle
   5.3.1 Adotar Controles Gráficos
   5.3.2 Tabelar os Itens de Controle

6. Padronização das Tarefas
6.1 Tarefas Prioritárias: "Se houver erros, afetará a Qualidade Produto/Serviço"
6.2 Prioridades:
   6.2.1 Segurança no Trabalho (evitar acidentes!)

6.2.2 Reclamações do Cliente
6.2.3 Não Conformidades de alto custo
6.2.4 Não Conformidades repetitivas

7. Ordem de Padronização
   7.1 Primeiro, padronizar as tarefas prioritárias/críticas.
   7.2 Em seguida, por ordem, as que trabalham mais pessoas.

8. Procedimentos Operacionais (em relação ao departamento em estudo)
   8.1 Procedimentos para a Operação (operacionais)
   8.2 Procedimentos para a Manutenção
   8.3 Implementar os Procedimentos – Treinamento OJT
   8.4 Auditar – certificar-se que todos executam da mesma forma
   8.5 Adotar Ações Preventivas e/ou Corretivas

9. Evitar a ocorrência de Não Conformidades
   9.1 Para cada NC, adotar apenas uma (de várias sugeridas) Ação Corretiva
   9.2 Cuidado: área operacional é um ponto fraco!
   9.3 Mostrar as funções de cada um (Conhecimento & Treinamento)
   9.4 As Não Conformidades devem, sempre, ser relatadas. Não importa a dimensão.

Bem, após a "casa arrumada", pode-se seguir para a implementação da Manutenção Proativa? Em resposta a esta pergunta, desenvolvi uma tese: a Gestão da Manutenção com Abordagem Proativa.

Caro leitor, não basta apenas aplicar a técnica de Manutenção Proativa, sem ampliá-la ao nível de gestão departamental, isto é, o responsável deve entender bem os conceitos e implementá-la, adequando qualificações e aptidões de seu quadro funcional à cultura da empresa. Se isto não for observado, está fadado ao fracasso, assim como outros programas. Estas novas ideias nascem em outros países, cabe ao gestor observar se o seu departamento está apto, caso contrário, prepará-lo para tal.

Mais importante do que a técnica, são as atitudes proativas da equipe que vão desde a função mais simples, passando por técnicos e engenheiros, até o supervisor.

Em ambientes de Qualidade Total, isso se torna mais fácil, visto que programas de melhoria contínua como a **TPM** (me refiro a **Manutenção Pro-**

dutiva Total de forma reduzida, isto é, a Manutenção Autônoma) e ao **KAIZEN** (Programa de Melhoria Contínua), possuem basicamente os mesmos princípios. A partir destes programas, as intervenções proativas são menos dispendiosas porque ocorrem com certa antecedência ao travamento de sistemas mecânicos ou a queimas de componentes elétricos.

Outra questão, já referenciada, é a qualificação dos técnicos, sendo esta além do ensino médio. Devem-se incluir, por exemplo, as técnicas preditivas com enfoque em recentes avanços da tecnologia de monitoramento das condições de máquinas rotativas.

Neste contexto, este modelo de gestão pode auxiliar as fábricas em suas metas de produção e alcançar um melhor desempenho e confiabilidade da planta industrial.

O principal gestor da área de manutenção deve analisar a melhor condição de implementação, se, apenas, como mais uma técnica ou um sistema global de gestão. Se optar pela primeira, terá um arranjo definido como a combinação das atuais técnicas existentes: preventiva e preditiva. Ao contrário, irá necessitar de mudanças comportamentais de seus subordinados.

Quando me refiro à palavra "técnica", quero dizer acrescentar a este modelo de manutenção as outras modalidades: preventiva, preditiva e corretiva. Já o termo "gestão proativa" engloba questões comportamentais, isto é, atitudes proativas por parte de engenheiros, técnicos e demais mantenedores.

Ouvimos e lemos, em anúncios para empregos, a exigência como: "O profissional dever ser proativo". Isso nada mais é do que ter atitudes fortes diante de determinadas circunstâncias e, obviamente, iniciativa necessária para tal.

A tese é com base em opinião própria, portanto, não é uma regra geral. O objetivo é desenvolver no leitor um senso crítico em relação à forma de gestão e desempenho da equipe de manutenção.

Fontes alternativas de leitura sobre o Capítulo I

Segue uma lista de literaturas que abrangem, com mais ênfase, os assuntos abordados no Capítulo I.

- ✓ *"Gestão Estratégica e Técnicas Preditivas",* Baroni, Tarcísio D'Aquino. Xavier, Júlio de Aquino Nascif. Pinto, Alan Kardec.
- ✓ *"Tribologia, Lubrificação e Mancais de Deslizamento",* Júnior, Durval Duarte.

✓ *"Fundamentos de Qualidade e Tratamento de Água"*, Libânio, Marcelo.
✓ *"Água – Métodos e Tecnologia de Tratamentos"*. Autor: Richter, Carlos A.
✓ Livro *Manual de Ar Comprimido e Gases.* Autor: Rollins, John P.

Os sites, listados abaixo, são bem interessantes. Contém mais informações e artigos sobre Lubrificação, Filtragem, Análise de Óleo, Ferrografia, Prestação de. Serviços e Treinamentos. Relacionei alguns para a sua apreciação:

- http://www.filtragem.com.br
- http://www.noriabrasil.com.br
- http://www.petrobrabras.com.br
- http://www.tribolab.com.br
- http://www.skf.com.br
- http://www.manutencaopreditiva.com.br
- http://www.tecem.com.br

CAPÍTULO 2
A MANUTENÇÃO COMPETITIVA

2.1 Introdução

As organizações precisam ser competitivas para suportarem as variações econômicas mundiais, sendo o termo extensivo aos departamentos que as constituem. Quando aplicamos o termo: competitividade, o comportamento mais adequado à atividade de manutenção é o de máximo comprometimento em obter os melhores resultados, tendo como base um planejamento exemplar das suas atividades.

A realidade da manutenção no Brasil apresenta resultados significativos em relação à evolução positiva de alguns indicadores e à ampliação de aplicação das técnicas preventivas. As diversas amostragens que obtive, através dos anos atuando nesta área, corroboram estes fatos, isto é, cresce a importância da prevenção em relação a ações reativas.Sabe-se que as falhas em ativos impactam, financeiramente, numa organização, seja qual for o seguimento. Apesar dos esforços, muitas gerências trabalham com a possibilidade de ganhos a curto prazo, então, cortam custos na busca de resultados imediatos e, como consequência, afetam drasticamente a estrutura da manutenção, culminando no sucateamento dos ativos. Correr atrás das melhores práticas e ser um *Best in Class* passam por aceitar grandes desafios, até conseguir alcançar ou chegar próximo das metas definidas.

Por um lado, uma gestão por resultados considera compartilhar as melhores práticas, e não há maneira mais eficaz do que participar de eventos como seminários, onde é possível ter acesso aos casos de sucesso e conhecer profissionais de áreas afins. Por outro lado, considero que visitas às situações piores que a sua, o fazem perceber "o que não se deve fazer", algo como as "piores práticas" e suas consequências. Estas, digamos, visões antagônicas fornecem condições para situar-se onde você está e para onde se quer ir.

Acredito que o termo apropriado para o momento seria a aplicação de algo como a [4]Reengenharia na Manutenção, isto é, se faz necessário uma análise crítica das atividades e atribuições, tornando-a mais competitiva e, como consequência, garantem a oportunidade de obter os melhores resultados para a empresa.

Em consulta ao site da **ABRAMAN**, sobre a pesquisa **"A Situação da Manutenção no Brasil"**, você poderá observar se houve evolução na implementação do setor de "Engenharia de Manutenção" nas indústrias brasileiras. Em 2005 era de 59,8%, subindo incrivelmente em 2007, para a marca de 80,0%! O atual cenário não tem favorecido a ampliação dos setores de manutenção, ao contrário, as organizações têm optado pela redução dos quadros de funcionários, limitando as áreas técnicas administrativas.

2.2 Como tornar a manutenção competitiva?

Sempre é bom comentar que as "melhores práticas" conduzem uma organização ao sucesso. A atuação ajustada, isto é, centrada em padronização da rotina e busca contínua por melhorias em seus processos administrativos. De nada adianta uma equipe técnica com alto grau de conhecimento, tendo uma péssima gestão. O resultado disso, nós todos já sabemos e certamente não será o desejado.

O termo "competitivo" pode ser encarado como uma postura da equipe em busca do "grande prêmio". As ferramentas para obter bons resultados são inúmeras, basta definir quais as mais adequadas à situação e, certamente, aos recursos disponíveis. Aqui vale lembrar que ao tentar adotar sistemas complexos para gerenciamento, por sua vez, exigem altos investimentos e, conforme, o tamanho da empresa pode ser catastrófico. Portanto, analise criticamente e reveja suas prioridades, assim, a organização obterá melhores resultados, sem causar danos ao patrimônio.

---

4 A **Reengenharia**, criada por **Michael Hammer**, é/foi um sistema administrativo utilizado pelas organizações para se manterem competitivas no mercado e alçarem as suas metas, reformulando o seu modo de fazer negócios, suas atividades e tarefas ou processos.

Referências: STAIR, Ralph M.; REYNOLD, George W. Sistemas de Informação nas Organizações. *In*: (Org.). Princípios de sistemas de informação: uma nova abordagem gerencial. 4. ed. Rio de janeiro: LTC, 2002. p. 30-58.

A manutenção deve atuar de forma integrada com as demais áreas e indicadores departamentais alinhados previamente. Assim, a organização mantém os seus processos em sintonia e se torna competitiva, isto é, um conjunto a caminho do mesmo resultado.

Percebe-se que fontes literárias e artigos em *sites* na internet, de uma maneira geral, praticam idéias similares. Evidentemente, existem práticas aplicáveis somente a determinados setores, mas não impedem que os gestores adotem práticas desenvolvidas com sucesso em outras áreas e as adapte para a sua.

Um dos termos mais usados em manutenção é o da "Confiabilidade". Porém, você saberia responder, com base nos seus resultados, se seus equipamentos e utilidades são confiáveis?

A resposta seria verificar o índice de **MTBF (Tempo Médio entre Falhas**), pois quantifica numericamente a frequência de quebra.

Outras questões: A que custo você consegue obter este resultado? E pior, apesar dos altos gastos, por que sua planta ainda apresenta resultados ruins?

Entendo que a <u>Confiabilidade Industrial</u> é fundamental para a obtenção de melhores resultados. É uma estratégia cujo valor investido, ao final, é bem recompensado. Jamais um departamento de serviços pode reduzir seus investimentos e, com isso, <u>não</u> permitir que os ativos, sob sua responsabilidade, não operem nas melhores condições. A partir disso, os gestores devem <u>otimizar</u> e não <u>cortar</u> seus investimentos em recuperação do ativo.

Outro indicador afetado seria a <u>Disponibilidade Industrial</u>, resultando, ao final disso tudo, uma manutenção <u>não competitiva</u>.

Descrevo a seguir, um *check list* sugestivo para a sua apreciação e aceitação pelo seu senso crítico. É uma revisão, de certa forma resumida, das atribuições e funções da Manutenção com foco em aumentar a competitividade de seus serviços e tornar seus principais clientes satisfeitos.

<u>Missão</u>

Assegurar o bom funcionamento de todos os ativos, com Confiabilidade e bons índices de Disponibilidade, custos adequados, alto grau de segurança e respeito ao meio ambiente.

<u>Sistemas Críticos</u>

Definir maquinário e utilidades críticas para o sistema operacional e/ou continuidade do negócio. Ideia: Sem estes ativos "a organização não funciona"!

Formas de Gestão

Implantar uma sistemática de trabalho, a partir do *software* implantado que possibilite a aplicação de técnicas de manutenção de acordo com as necessidades básicas da organização e planta industrial. Deve possibilitar gerir, no mínimo: Ordens de Serviço; Aquisição de novos Ativos, Reformas ou Automação; os requisitos de Normas da Qualidade; Segurança e Normas Ambientais; Aplicação de Estudos Estatísticos (Taxa de Falhas, Distribuição de *Weibull* etc.); Geração de Indicadores e Gráficos de Desempenho; Gestão de Sobressalentes.

Considerações importantes aplicadas à gestão departamental:

- Observar Qualidade, Produtividade e Custos Adequados;
- Criar e manter o Plano Global de Contingência (ações e responsáveis para situações emergenciais);
- Aplicar a Gestão Proativa (ou Manutenção Proativa);
- Aplicar técnica MCC (Manutenção Centrada na Confiabilidade), Análise de Falhas, MFMEA (Análise de Modo e Falha para Manutenção) etc.;
- Subcontratar Serviços, observando: Qualidade e Rentabilidade;
- Aplicar padrões de desempenho (definir e divulgar os padrões de excelência no mantenimento dos ativos); e
- Capacitar a equipe (minimizar o erro humano);

Novos Projetos

Participação, junto às áreas de Manufatura, em aquisição e/ou desenvolvimento de novo maquinário ou novas linhas de fabricação (Prevenção da Manutenção). Inclui, também, ampliação da unidade fabril, serviços de reforma dos ativos e/ou utilidades etc.

Novas Tecnologias

A Manutenção deve gerar ideias criativas para inovar o parque fábril. Trabalho de pesquisa e/ou visitas técnicas a eventos como feiras e seminários. Buscar o aprendizado, através de iniciativas proativas ("não espere pela empresa!"). "Venda" bem suas ideias, se necessário usar técnicas de *marketing*.

Obediência às Leis & Normas

Um departamento não pode atuar sem respeitar as normas existentes. Portanto, para toda atividade, consultar Normas Regulamentadoras (NRs), nacionais e/ou internacionais (de Projeto, Segurança, Ergonomia e outras) quando aplicáveis. Da mesma forma, conhecer e obedecer às leis vigentes para serviços (por exemplo, as ambientais) e do trabalho (CLT). Normalmente, os custos com multas e passivos trabalhistas não são levados em consideração, mas eles existem.

Necessidades de Treinamento

O departamento deve conhecer bem a equipe de mantenedores: pontos fortes e a desenvolver. Após, anualmente, manter um Plano de Treinamento para o desenvolvimento profissional, envolvendo também as lideranças. E não tão somente buscar o conhecimento técnico, mas se necessário, indicar aperfeiçoamento comportamental. Outro fator importante é sugerir apoio das áreas de talentos humanos, pois eles são os especialistas. Você deve apenas indicar as necessidades.

Facilitar o acesso à Ferramental e Instrumentação

Identificar as necessidades de reposição ou aquisição de ferramental necessário para a execução dos reparos dentro de critérios de excelência, o mesmo para a instrumentação. Qualidade em manutenção significa utilizar ferramentas adequadas e evitar as "gambiarras". Aliás, fazer uso deste quebra-galho somente denigre a imagem do departamento diante dos clientes internos.

Monitoramento do desempenho através de Indicadores:

1) % Disponibilidade.
2) Custo de Manutenção por Faturamento Bruto (ex. em R$ ou $).
3) Manutenabilidade (MTTR), monitora tempo de reparo.
4) Confiabilidade (MTBF): monitora a frequência da falha.

Considerações:

- Incluir outros indicadores se necessário, evitando excessos; e
- Indicadores importantes: Custo da Unidade Parada (unidade monetária) e representatividade em porcentagem (%) ou unidade monetária dos gastos em manutenção no custo final do produto.

Software de Manutenção deve possibilitar a distinção das ordens de manutenção:

1) Manutenção Corretiva ou Reativa.

2) Manutenção Preventiva.
3) Manutenção Preditiva.
4) Outros modelos adotados.

Operação da Planta – Manutenção aplicada à Manufatura / Setor Produção:

1) Observar as características e capacidades do projeto do maquinário.
2) Observar os conceitos 5S: Limpeza, Organização e Identificação.
3) Observar os conceitos da metodologia TPM (se aplicável à organização).

Considerações:

- Aplicar padrões de desempenho (uso de "folhas operacionais" ou similares);
- Capacitar também a Equipe operacional: minimizar erros e retrabalhos;
- Estabilizar a Rotina = Previsibilidade;
- Implementar Melhorias Contínuas = Competitividade (uso de metodologia KAIZEN).

Gestão de Contratos

Gestão de Contrato com objetivo de obter o mais alto rendimento dos serviços terceirizados.

Principais responsabilidades do Contratado:

- Apresentar contrato formal entre as partes, devidamente registrado;
- Apresentar Cronograma de trabalho e manter atualizado;
- Segurança: Serviços, mediante autorização formal (ex. PT – Permissão de Trabalho, usada em serviços de alto risco);
- Buscar obter sempre: Qualidade & Produtividade;
- Análise: Custo X Benefício;
- Observar: Saúde, Segurança e Meio Ambiente;
- Manter Indicadores alinhados com a Contratante; e
- Avaliar desempenho e aplicar correções e/ou melhorias.

PCM – Planejamento & Controle da Manutenção

Planejamento de todas as atividades na Manutenção.

Detalhamento das atividades básicas para o planejador:

- Controle de Estoque peças críticas X Tipos de Manutenção;

- Controle dos serviços de mantenimento (Produtividade);
- Planejamento das Paradas anuais: As grandes paradas para manutenção exigem um plano sobre contendo a sequência de trabalho e cronograma. Avaliação, por parte de grupo multifuncional, para definição das atividades chaves de manutenção, a qual são fatores limitadores do intervalo atual entre as Paradas Programadas e análise das atividades de produção inseridas nas "Paradas Programadas" (frequência e duração). Ao final, emitir um relatório completo, contendo fotos e descrição das atividades;
- Participação em novos projetos (equipamentos ou unidades de fabricação);
- Análise rendimento Manutenção Preventiva/Preditiva X Confiabilidade; e
- Organização da oficina (Programa 5Ss ou similar).

NOTA DO AUTOR

No livro "Engenharia de Manutenção Teoria e Prática" (Ed. Ciência Moderna, RJ, 2009), você poderá obter informações mais detalhadas sobre os Indicadores, abordadas no item 2.2 deste Capítulo.

2.3 Normas Técnicas Competitivas

2.3.1 Introdução

As normas técnicas são padrões estabelecidos que auxiliem os profissionais em suas atividades. Contudo, entendo que elas podem ser um fator que irá incrementar a qualidade dos serviços de manutenção, tornando a mais competitiva além, é claro, de possibilitar melhorias significativas nos processos de industriais.

Não podemos atuar em uma atividade técnica, sem verificar se há ou não normas aplicáveis. Em geral, quando há um sinistro que afeta a sociedade, segue as investigações e segue uma série de ações, entre elas sobre o engenheiro responsável pela obra e se foram atendidas às normas e legislação vigentes. Cito como exemplo, quedas de marquise ou passarelas, incêndio, rachaduras em prédios etc. Estas situações estão mais situadas na construção civil. No meio industrial não é diferente. Há uma série de normas nacionais (ABNT) e internacionais (ISO, BSI, ASTM, DIN etc.) que existem para padronizar produtos, serviços, segurança, entre outros. Em

As normas e legislações são referências de grande relevância para as atividades na engenharia de manutenção e, sob o ponto de vista, da produtividade, qualidade e segurança, servem como diferencial nas atividades de manutenção. Segue, para sua avaliação, três das Normas Técnicas que podem ser um diferencial no processo de busca da Manutenção Competitiva;

NBR ISO 55002 – Gestão de Ativos.

NBR 12 – Segurança no Trabalho em Máquinas e Equipamentos.

NR 17 – Ergonomia.

2.4 NBR ISO 55002 – Gestão de Ativos

A denominação completa é "NBR ISO 55002 Gestão de ativos — Sistemas de gestão — Diretrizes para a aplicação da ABNT NBR ISO 5500". Fornecem diretrizes para a aplicação de um sistema de gestão de ativos, conforme requisitos da NBR ISO 55001. É outra norma que auxilia na prevenção de manutenção, bem como a torna mais competitiva. A normatização determina ações padronizadas em conjunto com padrões internos e/ou sistemas da qualidade.

O termo "ativo" se refere a um item, algo ou entidade que tem valor real ou potencial para uma organização. O valor irá variar, pode ser tangível ou intangível, financeiro ou não. Referenciando a manutenção, os ativos são os bens sob sua responsabilidade de mantê-los em condição plena de uso e grau de confiabilidade aceitável.

Uma organização pode escolher gerenciar seus ativos como um grupo, e não individualmente, de acordo com as suas necessidades, e alcançar benefícios adicionais. Tais agrupamentos de ativos podem ser classificados por: tipos, sistemas ou portfólios. Em geral, a gestão ocorre individualmente. As equipes são divididas entre reparos de equipamentos e utilidades; outra para consertos prediais e obras civis. Em termos de edificações, a manutenção de Facilities vem de encontro às necessidades mais atuais da terceirização de serviços, incluindo portaria, transporte, restaurante, limpeza e higienização, recepção etc.

Os fatores que influenciam os tipos de ativos em relação à gestão se concentram em: a natureza e a finalidade da organização; seu contexto operacional; suas limitações financeiras e requisitos regulatórios; e as necessidades e expectativas da organização e suas partes interessadas. Todos eles são considerados desde a implementação, manutenção & melhoria contínua (TPM e/ou KAIZEN) até o fim de sua vida útil.

Os especialistas comentam que "*os fundamentos da gestão de ativos apresentados nesta norma, quando integrados em uma estrutura de governança e risco mais ampla de uma organização, podem contribuir com benefícios tangíveis e alavancar oportunidades. A gestão de ativos traduz os objetivos das organizações em decisões, planos e atividades relacionadas aos ativos, utilizando uma abordagem baseada em riscos. Permite que uma organização obtenha valor a partir dos ativos no alcance de seus objetivos organizacionais*". Esta afirmação só reforça a teoria de que certas normas técnicas contribuem para os melhores resultados da manutenção.

A gestão de ativos possibilita a obtenção de um determinado valor agregado. Permitem gerenciar os custos de manutenção, aspectos ambientais, riscos envolvidos, qualidade de serviço e desempenho.

A gestão de ativos é centrada nos seguintes fundamentos:

I. **Valor**: Ativos existem para fornecer valor (rentabilidade) para a organização e suas partes interessadas. Isto é, a gestão deve proporcionar lucro. Isto inclui: 1) firmar declarações dos objetivos desta gestão para que estejam alinhados ao da organização; 2) monitoramento do ciclo de vida para obter o valor; e 3) processos que refletem as necessidades e definem o valor do ativo.

II. **Alinhamento**: A gestão traduz os objetivos da organização em decisões técnicas e financeiras, planejamento e execução de atividades. Isto inclui: 1) planejamento e tomadas de decisões com base em riscos e em informação; 2) a integração de processos de gestão entre ativos e os funcionais da organização, tais como: finanças, recursos humanos, sistema de informação, logística e operações; e 3) a especificação, projeto e implementação de um sistema de gestão de ativos de apoio.

III. **Liderança**: a liderança e o comprometimento em todos os envolvidos (gestores e suas equipes) são fundamentais para o sucesso da gestão de ativos na organização. Isto inclui: 1) definições claras de responsabilidades e autoridades; 2) garantias de que funcionários estão conscientizados e com poder para agir;3) manter contato com subordinados sobre a condição atual e como melhorar a gestão de ativos.

IV. **Garantia**: A gestão deve garantir o cumprimento dos requerimentos determinados para o ativo, isto é, ele deve estar em perfeitas condições de uso. Isto inclui: 1) implementação de processos que relacionam requerimentos para o desempenho dos ativos em harmonia com os da organização; 2) implementação de processos que garantem a capacidade plena, disponibilidade e confiabilidade do ativo em todas as fases do ciclo de vida.

Alguns dos benefícios da gestão de ativos podem incluir, mas não estão limitados:

a. Melhoria de desempenho financeiro e redução de custos podem ser alcançadas preservando o valor do ativo, e sem sacrificar as realizações de curto ou longo prazo dos objetivos organizacionais.
b. Decisões sobre investimentos em ativo permite à organização tornar seus processos mais eficazes (controle custos, análise de riscos, análise de oportunidades e melhoria de desempenho).
c. Controle dos riscos, possibilitando redução das perdas financeiras, a melhoria da saúde e segurança, minimizando o impacto ambiental e social. Inclui também a redução dos passivos, tais como os prêmios de seguros, multas e penalidades.
d. Garantia de que o desempenho dos ativos leva à melhoria de serviços ou produtos e, consequentemente atender as expectativas dos clientes a acionistas.
e. Melhoria na habilidade da organização em atender às exigências relacionadas ao meio ambiente, tais como reduzir emissões, conservar recursos e adaptar-se às mudanças climáticas o que demonstra alto nível de responsabilidade social.
f. Conformidade com as exigências legais e atendimento às normas de gestão de ativos, qualidade e padrões internos.
g. Melhoria do desempenho global da organização, obtendo capacidade de gestão sobre despesas e sustentabilidade operacional.

Um pouco sobre o histórico da NBR 55002

Em março de 2009 foi criado o "Global Forum on Maintenance & Asset Management" – GFMAM, com sede em Zurich, Suíça. A partir de então, as mais importantes associações de Gestão de Ativos do mundo iniciam estudos para desenvolver e padronizar publicações, normas, processos de certificação e discutir as questões comuns que afetam estas instituições.

Diante deste objetivo, foi criado a PAS 55, um procedimento técnico com 28 pontos que visa estabelecer uma gestão abrangente e aperfeiçoar o sistema de gestão para todos os tipos de ativos físicos das empresas. A PAS 55 define a Gestão de Ativos como a aplicação de atividades sistemáticas e coordenadas, através da qual uma organização realiza a gestão, de forma otimizada e sustentável, de seus ativos e sistemas de ativos e sua performance associada a riscos e custos ao longo do seu ciclo de vida com o objetivo de alcançar o seu planejamento estratégico.

A partir de 31/01/2014 foram publicadas, por parte da ABNT, três normas técnicas sobre o assunto: A **NBR ISO 55000 de 01/2014 – Gestão de ativos – Visão geral, princípios e terminologia** que fornece uma visão geral de gestão de ativos os benefícios esperados, tornando-a válida a partir de 01/03/2014; A **NBR ISO 55001 de 01/2014 – Gestão de ativos – Sistemas de gestão – Requisitos** que especifica requisitos para um sistema de gestão de ativos dentro do contexto da organização; e a **NBR ISO 55002 de 01/2014 – Gestão de ativos – Sistemas de gestão – Diretrizes para a aplicação da NBR ISO 55001** fornece as diretrizes para a aplicação de um sistema de gestão de ativos de acordo com os requisitos da NBR ISO 55001. Todas elas podem ser aplicadas a todos os tipos de ativos, por todos os tipos e tamanhos de organizações.

A série ABNT NBR ISO 55000 fornece princípios, requisitos e orientações para um Sistema de Gestão de Ativos e aborda requisitos como a implantação dos princípios e a documentação sobre quais ativos fazem parte e é o escopo deste sistema. Trata, ainda, da integração dos processos decisórios técnicos e financeiros, particularmente sobre a Gestão de Ativos, e destaca também a implantação de um processo decisório com foco no balanceamento entre os fatores de riscos, custos e desempenho dos ativos. A integração dos processos técnicos e financeiros é descrita de maneira genérica, e cada organização deve definir como isto ocorrerá. Envolve toda a organização no processo de sua implantação. Sendo assim, as organizações, antes de buscarem a certificação na ABNT NBR ISO 55001, estão sendo levadas a rever aspectos da sua cultura interna. O passo seguinte é a formação de auditores e a acreditação de organismos certificadores junto ao INMETRO.

Informações adicionais e/ou para ampliar seus conhecimentos em Gestão de Ativos, seguem outras publicações:

- ✓ EPRI/NMAC – Equipment Reliability & Condition Based Maintenance;
- ✓ EPRI 1002936 – Reliability and Prev. Maintenance: Balancing Risk and Reliability;
- ✓ IAEA TEC DOC 1551 – Implementation Strategies and Tools for Condition Based Maintenance at NPP;

- ✓ IAEA TEC DOC 1590 – Application of Reliability Centered Maintenance to optimize Operation and Maintenance in NPP;
- ✓ IAEA SAFETY STANDARD NS-G-2.6 – Maintenance, Surveillance and In Service Inspection in NPP;
- ✓ INPO AP- 913 – Equipment Reliability Process Description; e
- ✓ INPO 86-021 – Safety System Unavailability Monitoring.

2.4.1 NR 12 – Segurança no Trabalho em Máquinas e Equipamentos

Esta norma e seus anexos, bem conhecidas e aplicadas pelas organizações, definem as referências e medidas de proteção para garantir a integridade física dos trabalhadores e estabelecer requisitos mínimos para a prevenção de acidentes e doenças do trabalho nas fases de projeto e utilização de máquinas e equipamentos de todos os tipos. Cito também a norma ABNT NBRNM – ISO 13852 – Segurança de Máquinas – Distâncias de segurança para impedir o acesso a zonas de perigo pelos membros superiores.

Em geral, como as máquinas ferramentas tem uma grande durabilidade e em muitas fábricas o maquinário é antigo, com poucos recursos tecnológicos e principalmente relacionados à segurança. Então é conforme é importante atuar nestes equipamentos para atender aos princípios de falha em fase de utilização.

Em relação às responsabilidades a NR12 indica o empregador, o qual deve adotar medidas de proteção para o trabalho, bem como medidas apropriadas sempre que houver pessoas com deficiência, envolvidas direta ou indiretamente no trabalho.

Um dado interessante é que a NR12 não se aplica a máquinas e equipamentos comprovadamente destinados à exportação, isto é, estão isentos.

Ainda segundo a norma, item 12.4, são consideradas como medidas de proteção, a serem adotadas nessa ordem de prioridade:

1. Medidas de proteção coletiva (EPC);
2. Medidas administrativas ou de organização do trabalho; e
3. Medidas de proteção individual (EPI)

As medidas de proteção coletiva se intensificaram nos últimos anos, uma vez que os que os custos de passíveis trabalhistas e ações na justiça são consideráveis. As proteções acústicas são um bom exemplo. Os níveis de ruído acima de 85 dB são considerados danosos ao ouvido humano e somente a distribuição dos protetores auriculares tem sua eficiência limitada e sem falar que o uso pelos operadores nem sempre é obedecido. As empresas criam programas da qualidade que incluem em seus itens de auditoria se os funcionários do setor estão fazendo uso correto de seus EPIs, caso contrário pontos de desclassificação são registrados. Então, equipamentos muito ruidosos acabam por ser instalados em salas com proteção acústica, tendo o acesso limitado a pessoas autorizadas. Com esta medida, fica proibido o trânsito de funcionários sem proteção. Há outros exemplos adotados, cito este mais voltado às fábricas do seguimento metal mecânico.

A NR12 apresenta medidas preventivas contra acidentes, relacionados aos itens:

a) Arranjo físico e instalações;
b) Instalações e Dispositivos elétricos;
c) Dispositivos de partida, acionamento e parada;
d) Sistemas de Segurança;
e) Dispositivos de parada de emergência;
f) Meios de acessos permanentes;
g) Componentes pressurizados;
h) Transportadores de Materiais;
i) Aspectos ergonômicos;
j) Manutenção, inspeção, preparação, ajustes e reparos entre outros;
l) Sinalização; e
m) Outros.

A norma apresenta uma série de recomendações para cada item listado acima. Em geral, entendemos que é um assunto "para o pessoal da Segurança" (SESMET). Conduto, a Manutenção deve ler e entender todos os requisitos, isto é, se sinta também responsável pelo processo. Todas as medidas, sem dúvida, levam a prevenção da manutenção, pois um parque industrial seguro, evita o acidente ao trabalhador, mas também dano ao equipamento. O acidente pode ou não ocasionar dano físico, mas haverá a necessidade do reparo.

As máquinas ferramentas, em geral, apresentam grandes riscos. Contudo, as que operam e têm movimento giratório, merecem mais atenção, pois são inúmeros os casos de operários que se machucam ou mesmo ao ponto de perder um membro ou até a vida. Nos anos 80, atuava como Analista de Processos numa empresa de Cutelaria (fabrica talheres, alicates de unha, ferramentas manuais etc.) e os acidentes com Prensas Excêntricas e Hidráulicas eram constantes. Outros equipamentos de movimentos alternados e ou retilíneos possuem também grau de risco considerável. As indústrias químicas possuem uma área fabril bem diferente do metalúrgico, mas se equiparam em nível de risco. Portanto, independente do seguimento, a NR12 é de suma importância para a segurança, mas pode e deve ser aplicada com objetivo de trazer maior produtividade e qualidade de produtos e serviços.

Os riscos que podem ocorrer são de puxar, esmagar, decepar, furar, queimar, alguma peça "voar" e acertar, caindo sob os membros inferiores (pés e pernas). Além disso, vale lembrar o cuidado com os demais riscos de substâncias químicas, choque elétrico e superfície quente.

Caso 1: "Acidente em Máquina Giratória"

Geralmente estes acidentes ocorrem por dois motivos básicos:

Por falha do equipamento: ex. pane mecânica, não possui item de segurança ou identificação adequada, obsolescência etc.

Por falha humana: ex. falta de treinamento, erro operacional ou de manutenção, falta de atenção, não utilização ou erro ao usar EPI e por mais que não achamos que possa ser infortúnio.

Há outros fatores que ocorrem quando operadores, num gesto extremo, violam os procedimentos de para ligar, operar ou no desligar. Outros acidentes ocorrem com técnicos de manutenção, igualmente por falhas operacionais ou problema no equipamento. A figura 2.1 é um exemplo de grave acidente em máquina com movimento giratório. Percebe se que o dano físico, mas para retirar a mão do operador, a máquina está sendo danificada e por esta razão que a Manutenção deve se empenhar em aplicar a NR12 como ferramenta estratégica na redução dos custos de manutenção.

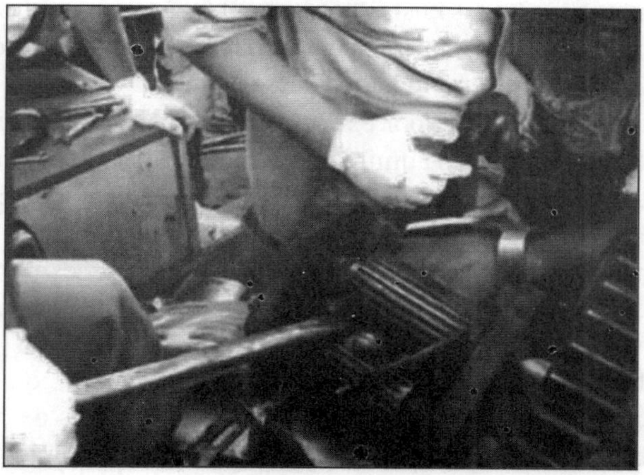

Figura 2.1

Fonte: http://blog.inbep.com.br/nr-12-entenda-mais-sobre-maquinas-e-equipamentos

Mais sobre a Norma NR12 adquira um exemplar ou acesse:

http://www.guiatrabalhista.com.br/legislacao/nr/nr12

2.4.2 NR 17 – Ergonomia

"*Esta Norma Regulamentadora visa a estabelecer parâmetros que permitam a adaptação das condições de trabalho às características psicofisiológicas dos trabalhadores, de modo a proporcionar um máximo de conforto, segurança e desempenho eficiente:*

17.1.1. As condições de trabalho incluem aspectos relacionados ao levantamento, transporte e descarga de materiais, ao mobiliário, aos equipamentos e às condições ambientais do posto de trabalho e à própria organização do trabalho.

17.1.2. Para avaliar a adaptação das condições de trabalho às características psicofisiológicas dos trabalhadores, cabe ao empregador realizar a análise ergonômica do trabalho, devendo a mesma abordar, no mínimo, as condições de trabalho, conforme estabelecido nesta Norma Regulamentadora".

É, sem dúvida, umas das normas mais importantes para o estudo da qualidade de vida no trabalho. Sem dúvida contribuí para a segurança e saúde ocupacional dos trabalhadores. Entendo que também auxilia na prevenção da manutenção de Máquinas e equipamentos operados, numa posição ergonômica compatível, tem menos probabilidade de erros operacionais e acidentes.

Contribui com a redução dos custos com manutenção, entre outros benefícios e como já foi mencionado, contribui para tornar o departamento competitivo a ponto de alcançar valores em nível de Classe Mundial.

Entre os objetivos é o de, por exemplo, na aquisição de equipamento ou mesmo mobiliário (atividades administrativas, bancadas de montagem etc.) o empregador deve levar em consideração as características de seus usuários, tais como a estrutura física (peso, altura etc.) e principalmente se for pessoa com alguma necessidade especial. Portanto, são boas razões para considerar a ergonomia como estratégia, contribuindo com o SESMET nas atividades de análise do posto de trabalho.

A engenharia de manutenção, quando na aquisição de equipamentos e/ou utilidades, deve avaliar, além das características técnicas de desempenho, os aspectos relacionados à operação e manutenção. Por exemplo, questionar e analisar se os componentes são de fácil acesso, isto é, se não irá exigir grandes esforços ou posição incomoda, para a execução do reparo.

As condições de trabalho incluem, ainda, os aspectos relacionados ao levantamento, transporte e descarga de materiais, ao mobiliário, aos equipamentos e às condições ambientais do posto de trabalho e à própria organização do trabalho.

Os postos de trabalho precisam estar adaptados às condições ambientais (temperatura, ruído etc.) e características do trabalho. O sucesso da análise e implementação está diretamente proporcional à produtividade e saúde ocupacional do trabalhador, seja ele atuante em ambiente fabril ou escritório. Cabe ao empregador realizar a análise ergonômica do trabalho, devendo a mesma abordar, no mínimo, as condições de trabalho, conforme estabelecido nesta Norma Regulamentadora.

A execução da manutenção em ambientes, onde a ergonomia está adequada, tende a ter melhores resultados. O operador está mais comprometido com o equipamento, pois goza de perfeita saúde física e mental.

Figura 2.2 – Os trabalhadores de ambiente fabril são os mais afetados pela má condição ergonômica. Nesta figura, percebemos a limpeza e organização ambiental, bem como iluminação e espaços adequados.

Fonte: Não informada

O transporte manual de cargas designa todo transporte no qual o peso da carga é suportado inteiramente por um só trabalhador, compreendendo o levantamento e a deposição da carga. Houve grande evolução em máquinas que auxiliam o transporte de cargas, mas há ainda casos em que isso não é possível.

Todo trabalhador designado para o transporte manual regular de cargas, que não as leves, devem receber treinamento ou instruções satisfatórias quanto aos métodos de trabalho que deverá utilizar, com vistas a salvaguardar sua saúde e prevenir acidentes.

Quando mulheres e trabalhadores jovens forem designados para o transporte manual de cargas, o peso máximo destas cargas deverá ser nitidamente inferior àquele admitido para os homens, para não comprometer a sua saúde ou a sua segurança.

Sempre que o trabalho puder ser executado na posição sentada, o posto de trabalho deve ser planejado ou adaptado para esta posição. A Figura 2.3 é um exemplo de posto de trabalho, para um trabalhador administrativo, atendendo princípios básicos de ergonomia, reduzindo os prejuízos à saúde, principalmente a região da coluna.

As condições ergonômicas nas fábricas, de uma maneira geral, já são tratadas há muito tempo, mas os postos de trabalho em escritórios ganharam notoriedade com o uso do PC como ferramenta de trabalho. Os assentos utilizados devem atender aos seguintes requisitos mínimos de conforto:

- Altura ajustável à estatura do trabalhador e à natureza da função exercida;
- Características de pouca ou nenhuma conformação na base do assento;
- Borda frontal arredondada;
- Encosto com forma levemente adaptada ao corpo para proteção da região lombar.

Para as atividades em que os trabalhos devam ser realizados sentados, a partir da análise ergonômica do trabalho, poderá ser exigido suporte para os pés, que se adapte ao comprimento da perna do trabalhador.

Figura 2.3 – Ilustração dos ajustes a que uma cadeira deve apresentar para trabalhos realizados sentados.

Fonte: http://www.manutencaosuprimentos.com.br

Ainda sobre trabalhos realizados na posição sentada, isto é, atividades que exijam solicitação intelectual e atenção constantes, tais como: salas de controle, laboratórios, escritórios, salas de desenvolvimento ou análise de projetos, dentre outros. São recomendadas as seguintes condições de conforto:

- Níveis de ruído de acordo com o estabelecido na NBR 10152;
- Índice de temperatura efetiva entre 20ºCe 23ºC;
- Velocidade do ar não superior a 0,75m/s; e
- Umidade relativa do ar não inferior a 40%.

Além dos fatores relacionados à posição para executar a atividade, há a necessidade da observância da **NBR 10152** sobre os níveis de ruído e iluminação aceitáveis. Para efeito de conforto será de até 65dB (e a curva de avaliação de ruído (a NC, *Noise Criterion*, prevê não superior a 60dB). Já os níveis mínimos de iluminamento a serem observados nos locais de trabalho são os valores de iluminâncias estabelecidos na **NBR 5413.**

Outro aspecto importante, citado na **NR 17**, diz respeito à organização do trabalho. Neste contexto, mais aplicados à indústria de manufatura se enquadram: as normas de produção, conteúdo da tarefa (processo de fabricação) modo e tempo para execução da operação; ritmo de trabalho etc.

Mais informações sobre Ergonomia adquira ou acesse as Normas ABNT:

- ✓ NBR ISO 11226:2013 Ergonomia — Avaliação de posturas estáticas de trabalho. Esta Norma estabelece recomendações ergonômicas para diferentes tarefas de trabalho. Esta Norma fornece informações para aqueles envolvidos no projeto, ou reprojeto, do trabalho, tarefas e produtos que estejam familiarizados com os conceitos básicos de ergonomia, em geral, e de posturas de trabalho, em particular;
- ✓ NBR ISO 11228 — 3:2014 Versão Corrigida:2015 Ergonomia — Movimentação manual Parte 3: Movimentação de cargas leves em alta frequência de repetição. Esta parte da ABNT NBR ISO 11228 fornece recomendações ergonômicas para tarefas de trabalho repetitivo que envolve movimentação manual de cargas leves em alta frequência. Ela fornece orientações sobre a identificação e avaliação de fatores de risco comumente associados à movimentação de cargas leves em alta frequência, permitindo, assim, a avaliação dos riscos de saúde relacionados à população trabalhadora; e
- ✓ Normas Série NBR ISO 9241:2012 — Ergonomia da interação humano-sistema. Esta parte da ABNT NBR ISO 9241 estabelece princípios ergonômicos de projeto formulados em termos gerais (ou seja, apresentada sem referência a situações de uso, aplicação, ambiente ou tecnologia) e estabelece uma base para a aplicação desses princípios para a análise, projeto e avaliação de sistemas interativos.

2.5 Conclusão

Obviamente, outras normas irão contribuir para uma melhor gestão de manutenção. Contudo, estas três em particular me chamam a atenção pelas particularidades que influenciam direta ou indiretamente. São normas mais atuais e vêm de encontro às necessidades de tornar as atividades operacionais e de manutenção com mais harmonia. Uma Gestão de Ativos de excelência é uma necessidade estratégica que afeta os custos financeiros da organização. Segurança de Máquinas e Ergornomia igualmente se juntam neste contexto, formando um conjunto de ferramentas que sem dúvida tornarão sua Manutenção bem mais competitiva.

NOTA DO AUTOR

No início dos anos 80, ainda estudante de Engenharia, trabalhei em duas Fábricas como Analista de Processos. Uma fabricante de talheres e utensílios em inox (facas especiais, ferramentas manuais etc.), outra de autopeças. Minhas atividades eram Cronometragem, Cronoanálise e Análise de Métodos e Processos, tendo como objetivos: medição operacional, ergonomia e análise do posto de trabalho. Ainda incluía, determinar as etapas de fabricação, em máquinas operatrizes ou postos de trabalho, definindo os dispositivos/ferramental mais adequados, bem como o modo e tempo de execução. Muito aprendi sobre processos de fabricação (Forjaria, Estamparia, Usinagem, Soldagem, Polimento, Tratamento Térmico, Montagem etc.), os quais foram a base sólida para as atividades futuras na área de manutenção, logo após a conclusão da graduação em Engenharia Mecânica.

2.6 A Manutenção Informatizada

(Opinião do autor)

Esses tempos, li numa edição de um jornal local, um artigo que continha este título: “É possível passar um dia sem usar o computador?” Dependendo da atividade, acredito que não. Para a maioria dos profissionais é ferramenta usual e imprescindível, para a grande maioria dos jovens uma fonte de comunicação praticamente indispensável. A primeira edição deste exemplar, data do ano 2009 e de lá para cá, temos os smartphones, os quais são praticamente inseparáveis de cada indivíduo que o possui. Está inserido em nossa cultura como ferramenta de comunicação, não só para contato por áudio, mas permite acesso às redes sociais, e-mails e ao aplicativo *WhatsApp*. Este, por sua vez, tem sido utilizado, além da comunicação, mas como ferramenta de trabalho.

A informática, em áreas de prestação de serviços, é usada para gerir todas as atividades. Seja na Manutenção Industrial ou Facilities, os softwares de gestão auxiliam para que o departamento receba as solicitações, execute o serviço, registre as atividades, análise os históricos, crie indicadores de desempenho e relatórios gerenciais. Aqui vale lembrar, que há situações onde o reparo é executado, mas sem o devido registro. Em geral, ao ser questionado o mantenedor alega: "falta de tempo..."; "foi só um ajuste...", "não levou 5 minutos..." etc. Entendo que a principal causa disso, é falta de disciplina. Pois justamente a falta desses registros, menos expressivos, é que, por vezes, distorcem os indicadores e porque não dizer, dos resultados de pesquisas sobre o desempenho da manutenção.

Conforme os dados apresentados, pela Pesquisa da **ABRAMAN,** no ano de 2007, houve uma queda significativa nos percentuais na utilização da técnica: Análises de Falha. Ao contrário, houve um leve aumento para os serviços de Planejamento e Programação de Serviços e as Paradas.

Um dos itens registrados nesta pesquisa, pela primeira vez, foi o uso da informática para gerir a Manutenção Preditiva. Isso vem de encontro ao que você leu anteriormente sobre a gestão proativa que prevê o uso de instrumentação vinculada aos controles *on line* e neste caso, necessita de *software* e *hardwares* específicos.

No mercado atual, existe uma variedade significativa de programas corporativos (nos quais aparecem os módulos para a área de manutenção e serviços). Apesar disso, os profissionais ainda não dispensam as planilhas como complemento e possibilita não só um controle paralelo, mas a geração de gráficos ou outras formas de apresentação dos dados gerenciais. Sendo assim, ocorre um grande esforço do pessoal da área de informática em adaptar esses softwares corporativos, a certas particularidades de cada usuário. Os dados da **ABRAMAN** mostram uma queda percentual entre os anos de 2005 a 2007, de 17,6 % para 12,6%, respectivamente. Em 2003 era de 20,1%. Resumindo, há uma tendência à aplicação de softwares específicos de manutenção, acrescido do uso de planilhas eletrônicas.

Solicito ao caro leitor para acessar o site da instituição para avaliar se houve resultados diferentes destes apresentados.

A tendência, de redução na utilização e *softwares* próprios na manutenção, é um dos dados que surpreende e indica o crescimento pela gestão terceirizada. Como as organizações estão "enxugando" cada vez mais, avaliando custos operacionais e evitando novos investimentos ou contratação de mão de obra, o serviço subcontratado, para determinadas atividades, passa a ser uma solução estratégica.

Outro detalhe importante, já citado anteriormente, são as interfaces departamentais facilitada pela pelos *softwares* corporativos, permitindo que os dados de manutenção sejam cruzados com áreas financeiras, suprimentos ou ainda de manufatura/produção. Com isso, os indicadores são obtidos mais facilmente, sem a necessidade das cansativas digitações.

Existe ainda a opção pela terceirização total, isto é, subcontratar em 100% os serviços de manutenção dos ativos, utilizando *software* próprio. Neste formato a empresa subcontratada além de fornecer mão de obra especializada, faz uso de seu próprio programa de gestão. Geralmente, acontece uma reunião mensal onde os dados são apresentados à alta administração. Resta saber se é ou não econômico.

Sobre *hardware*, a pesquisa da **ABRAMAN** forneceu percentuais de usuários e escolha das formas conexão dos micros, se conectados em rede ou não. Ainda foram inseridas duas novas modalidades como o uso de micros portáteis e coletores de dados, ambos úteis para monitoração de condições de equipamento, dando uma prova da evolução da Manutenção Proativa. A evolução crescente da tecnologia da informação, não pode ser desconsiderada. O investimento inicial é alto, mas os resultados garantem uma manutenção mais sofisticada, reduzindo reparos corretivos, contribuindo com melhores indicadores de desempenho.

É interessante que o leitor avalie essas tendências, mais precisamente sobre a manutenção. O que recomendo é uma revisão dos resultados alcançados, comparando-os com as metas definidas por sua organização. Veja os indicadores de seu departamento e das demais áreas produtivas. Estando compatíveis, não há nada para mudar, embora ficar muito tempo numa "zona de conforto" possa reduzir a possibilidade de visualizar as inovações. Uma dica para os "velhos mantenedores" é não temer as novidades do mercado. Encare os desafios e se atualize, pois pode salvar o seu emprego ou negócio próprio.

Aos profissionais da manutenção (de todos os níveis hierárquicos), solicito que observem as tendências na informatização de processo, acessando as diversas fontes disponíveis (internet, revistas, eventos ou visitas técnicas). Ao permanecer por anos com *software* sem atualização devida (*up grade)* o levará a ter dificuldades em termos de agilidade e rapidez no seu dia a dia. Lembre-se: não temos muita paciência e nos irritamos quando nosso computador "fica pensando muito". Portanto, mantenha-se seu senso critico, mas de olhos bem aberto às novidades que surgem a todo instante. Uma das ferramentas de atualização, gratuita (caso não haja bloqueio com base nos direitos autorais), é o *YouTube*. Ele disponibiliza vídeos bem interessantes, nacionais e internacionais, das inovações tecnológicas existentes.

Nota do Autor

No livro "Engenharia de Manutenção Teoria e Prática" (Ed. Ciência Moderna, RJ, 2009), apresento dois "Estudos de Caso", ambos estão descritos no Capítulo "V", no qual fui como principal responsável pela informatização dos processos da manutenção em empresas distintas. O primeiro no início dos anos 1990 e outro mais adiante, nos anos 2000. Foram duas grandes experiências profissionais, as quais exigiram grande empenho de todos os envolvidos. A partir de uma decisão gerencial, passando por planejamento, treinamentos e a fase mais árdua: implementar, manter e melhorar o projeto.

2.7 Gestão de Projetos

2.7.1 Introdução

A gestão de projetos se tornou tão importante que MBA, especializações e cursos foram desenvolvidos para atender a esta demanda. Há seguimentos em que manutenção está encarregada de gerir os projetos de ampliação da unidade ou aquisição de equipamentos. As organizações não podem contar com profissionais apenas com a experiência que é requerida, mas não essencial. Há a necessidade extrema de conhecimentos específicos, tais como, ferramentas de: gerenciamento de cronograma; controle financeiro; técnicas de negociação; liderança; etc. Obviamente, há empresas que mantém chefes no comando destes eventos e quando ocorrem os "desastres", isto é, resultados bem distantes do planejado são tarde. O que resta a fazer é corrigir. O retrabalho em projeto determina gastos excessivos que afetam a rentabilidade da companhia.

Neste meio outro fator que necessita atenção diz respeito à ética na condução do projeto. Manter uma conduta diante de fornecedores e clientes de respeito e não suscetível à propina ou outros meios escusos de negociação. Nosso País, dizem, tem a cultura da corrupção, mas cabe a sociedade dar uma basta. Isto se inicia desde os primórdios de nossas atividades, seja nas empresas privadas ou públicas. Tentar "levar vantagem em tudo" ([5]A Lei de

5 A Lei da Vantagem ou **Lei de Gérson** é um princípio em que determinada pessoa ou empresa brasileira deve obter vantagens de forma indiscriminada, sem se importar com questões éticas ou morais. A expressão originou-se em uma propaganda, no ano de 1976, de uma companhia de cigarros. O vídeo apresentava ex-jogador de futebol Gérson e da famosa Seleção Brasileira, tri campeão mundial no ano 1970, no México. A frase: "*Por que pagar mais caro se a Vila me dá tudo àquilo que eu quero de um bom cigarro? Gosto de levar vantagem em tudo, certo?...*"

Gerson) é uma "cultura" arraigada em todos os seguimentos de nossa sociedade. Exemplos, como: "furar" fila; solicitar benefícios em troca de favores; sonegar impostos; ficar com um objeto, quando vimos o dono esquecer no local; pedir dinheiro emprestado ao amigo e não pagarmos devidamente; pagar por um atestado médico; simular uma doença e ficar sob a tutela no INSS; etc. É uma lista grande, mas estes exemplos já nos dão uma ideia.

Faça a opção pela ética na sua vida pessoal, sendo extensiva às suas atividades profissionais. Assim, você será um exemplo digno para os seus filhos e irá contribuir para uma sociedade mais digna e igualitária.

Principais definições sobre a Gestão de Projetos.

Literaturas ou artigos definem como "*um conjunto de atividades temporárias, realizadas em grupo, destinadas a produzir um produto, serviço ou resultado único*". "*O projeto é temporário no sentido de que tem um início e fim definidos no tempo, e, por isso, um escopo e recursos definidos*".

Não é um trabalho de rotina, mas um conjunto específico de operações destinadas a atingir um objetivo pré-definido e único. A equipe de projetos pode conter pessoas que trabalham juntas ou não. Esta diversidade contribui para que o resultado tenha sucesso.

Em ambientes de manutenção, pode ocorrer a participação de profissionais em unidades distantes da organização, no mesmo País ou até mesmo em outro Continente, o que exigirá mais complexidade, principalmente a necessidade de fluência no idioma Inglês, por exemplo.

O desenvolvimento de uma nova linha de fabricação, novo equipamento, um novo *layout* em área de manufatura ou testes de produto, a construção ou expansão de uma edificação – todos são projetos e devem ser gerenciados de forma especializada para que apresentem, ao final, os resultados esperados (dentro do prazo e do orçamento previstos). A integração dos envolvidos, bem como comprometimento necessário, são exigências que as organizações. Os exemplos estão mais voltados ao seguimento industrial, mas o desenvolvimento de software corporativo é considerado igualmente um projeto. Portanto, as atividades destinadas a produzir um bem ou serviço necessitam de técnicas especiais desde as fases de planejamento e implementação.

A Gestão de Projeto, do ponto de vista, da Manutenção é uma atividade que gera um esforço extra. Pois, precisa ser desenvolvida em conjunto com as rotinas, consertos corretivos e atividades preventivas. Por esta razão a qualificação extra para os profissionais se torna estratégico e conforme o seguimento, obrigatório.

O Gerenciamento de Projetos, portanto, é a aplicação de conhecimentos, habilidades e técnicas para a execução de projetos de forma efetiva e eficaz. Trata-se de uma competência estratégica para organizações, permitindo com que elas unam os resultados dos projetos com os objetivos do negócio – e, assim, melhor competir em seus mercados, tornando a mais competitiva. Era prática informal, mas começou a emergir como uma profissão ou qualificação adicional, nas últimas décadas.

Definições mais didáticas para Projeto, como no Dicionário Aurélio, encontramos:

1. Plano, intento, desígnio;
2. Empresa, empreendimento;
3. Redação provisória de lei; e
4. Plano geral de edificação na Arquitetura.

Já em ambientes corporativos, as definições são encontradas no **PMBOK (Project Management Body of Knowledge)**, o qual é um guia elaborado pela instituição mais renomada do mundo na área, **o Project Management Institute (PMI)**. Nesse manual, a palavra projeto está definida da seguinte forma: "*Projeto é um esforço temporário empreendido para criar um produto, serviço ou resultado único e exclusivo*". Em resumo, estas são as principais características do projeto:

Possui um prazo determinado para: Início e Conclusão, portanto é temporário;

- Possui fases distintas, tais como: Planejamento e Execução;
- Deve ter métricas para controle do andamento e cumprimento do prazo;
- Há exclusividade para a entrega de produtos ou serviços;
- A gestão é formada por equipe multidisciplinar; e
- O investimento é limitado e por esta razão os recursos humanos e de materiais precisam ser monitorados.

Ciclo de Vida do Projeto

Fase Inicial

É a fase para obter todas as informações essenciais, ou seja, gestor e sua equipe multidisciplinar irão conhecer as restrições de recursos, qualidade e de tempo que afetam a realização do projeto. A preocupação deve recair, sobretudo, no entendimento macro, com o gestor buscando conhecer as influências que interferem de um modo geral no sucesso do projeto. Especificações e demais documentos pertinentes devem ser mantidos e atualizados a medida que novas informações são acrescidas.

Fase de Planejamento

Nessa fase há um nível de detalhamento e documentação muito maior, ao contrário da anterior. O objetivo é estruturar melhor o plano para que tenha consistência e desta forma leve o projeto ao sucesso, isto é, atendendo à expectativa do cliente. Os documentos que contemplam essa fase são denominados pela expressão: Estrutura Analítica de Projeto (EAP), entre eles estão: o cronograma do projeto, o plano de gerenciamento de riscos, outro de comunicações, mais um de qualidade e assim por diante. A organização, representada pela alta administração, de posse de todas a informações é que deve autorizar o início desta fase. Deve ter a consciência de que todo o apoio necessário à equipe não pode ser negado sob o risco de ocorrer falhas no planejamento.

Fase de Execução

Todas as fases são importantes, mas a execução requer atenção máxima, sendo o exercício de monitoramento do que foi planejado. (É comum nessa fase ocorrer mudanças, tanto quanto nas solicitações de alteração no escopo, seja por parte cliente ou empresa, por meio de recurso próprio ou terceirizado). Contudo, um bom planejamento demanda poucos ajustes. Nesta fase, a equipe deve atender às especificações, pois irá determinar que se obtivesse à qualidade esperada pelo cliente. O Gestor precisa ficar atento às sequências deste processo e avaliar se melhorias são necessárias, sempre com o objetivo de atender aos padrões definidos. Trazendo para o ambiente de manutenção, se houver erros de execução, isso irá se refletir mais adiante, quando o produto (neste caso, equipamento, utilidade ou um sistema complexo, como Central de Ar Condicionado) entrar em utilização. A manutenção será a responsável por corrigir e fazer que o projeto funcione conforme planejado, ou na pior das hipóteses, abaixo da capacidade esperada. Neste caso, será um "eterno" problema, sendo necessários reparos constantes e/ou troca de componentes para que funcione adequadamente. Então, todo o esforço da equipe deve estar concentrado na fase seguinte.

Fase de Monitoramento

O monitoramento ou controle ocorre durante a execução, constituindo na forma de garantir que o que esteja totalmente em acordo com o planejado. Nesse momento ocorre a validação dos avanços. Assim, dependendo do progresso de determinada atividade, um desvio qualquer pode requerer uma intervenção, por exemplo. Indicadores e metas foram devidamente estabelecidos na fase de planejamento. Portanto, essa etapa lida apenas com o controle do desempenho e do progresso, comparando como o planejamento.

Fase de Conclusão

Pelo fato do projeto estar concluído, não resulta na eliminação de esforços de gerenciamento. Surgem etapas a serem realizadas, tendo como objetivo, oficializar a conclusão do projeto e agregar informações relevantes para empreendimentos futuros. São destacadas, pelos especialistas, fases como: a assinatura do termo de aceite (documento que permite o encerramento do projeto, isentando a empresa de responsabilidade futuras) e o registro das lições aprendidas (que nada mais é que a documentação das experiências relevantes que contribuirão para futuros projetos similares).

A partir do conhecimento das fases, podendo ser mais detalhado em razão da grandeza do projeto. Damos-nos conta sobre obter uma gestão eficaz, com base na aplicação de conhecimentos específicos e habilidades para garantir que um projeto tenha sucesso. Por esta razão as organizações estão investindo em gerenciamento de projetos, seja ministrando treinamentos aos colaboradores, incentivando sua participação em cursos ou especializações em universidades ou mesmo, contratando consultorias especializadas.

A gestão de projetos, em seguimentos da área econômica, é observada desde os anos 1990. Como foi citado, nos últimos anos é que as empresas brasileiras despertaram para a necessidade de planejamento e organização de seus projetos. Realizar um gerenciamento eficiente dos projetos é um diferencial competitivo, significa tornar a empresa mais ágil, mais dinâmica e pronta para entregar muito mais valor a seus clientes.

Com base no que foi visto, cito quatro habilidades exigidas para o sucesso de um projeto:

1. Técnicas (uso de ferramentas softwares específicos) de gerenciamento de projetos;
2. Liderança (adequada à equipe multifuncional, isto é, democrática, autocrática etc.);

3. Poder de negociação (habilidade para obter melhores resultados dos envolvidos); e
4. Gerenciamento estratégico (uso eficiente dos recursos financeiros, humanos e de materiais).

2.8 Certificações e Formação em Gestão de Projetos

O **PMI** (***Project Management Institute***) é o órgão que atesta conhecimento e competência, dentre as quais, o de **"Profissional em Gerenciamento de Projetos (PMP)®"**. São em número de 12, os padrões globais com mais alto reconhecimento na profissão – e que, cada vez mais, vêm se tornando o modelo para o gerenciamento de projetos em empresas e governos.

A formação em gerenciamento de projetos é ampla. O **PMI** oportuniza o desenvolvimento profissional, através de Seminários, Cursos presenciais e a distância (EAD), bem como propicia área de pesquisa. Também há os congressos mundiais, entre outros eventos. Os estudantes, ou já graduados, em instituições de ensino superior podem contar com programas de graduação e pós-graduação já reconhecidos pelo **"Centro de Acreditação Global do PMI"**, para **"Programas de Educação em Gerenciamento de Projetos"**.

Mais Informações sobre Gerenciamento de Projeto, acesse:

✓ https://brasil.pmi.org/brazil/AboutUs/WhatIsProjectManagement

Informações sobre Cursos e Especializações. Provavelmente, há formação em Gestão de Projetos em todos os Estados do Brasil. Segue alguns exemplos para sua orientação:

MBA em **"Gestão de Projetos"** (RS)

✓ http://www.unisinos.br/mba/gestao-de-projetos/presencial/porto-alegre

"MBA em Gestão Estratégica e Econômica de Projetos" (SP)

✓ http://mgm-saopaulo.fgv.br/cursos/gestao-estrategica-economica-de-projetos

Curso sobre **"Gerenciamento de Projetos"** (Fundação Getúlio Vargas, FGV)

✓ http://pec.fgv.br/cursos/gerenciamento-de-projetos

Especialização em **"Gestão de Projetos"** (RJ)

✓ http://www.cce.puc-rio.br/sitecce/website/website.dll/folder?nCurso=gestao-de-projetos&nInst=cce

CAPÍTULO 3
A PREVENÇÃO DA MANUTENÇÃO

3.1 Introdução

Grande parte das organizações industriais fica restrita aos sistemas preventivos, na intenção de evitar as quebras e obter maior confiabilidade dos ativos. Contudo, existe outra ação, tão ou mais eficaz: "A Prevenção da Manutenção". Numa primeira abordagem, significa antever os possíveis defeitos num estágio anterior a instalação, isto é, no processo do desenvolvimento do projeto.

Podemos considerá-la a contribuição da Manutenção para aperfeiçoamento de um determinado projeto. A qual reduz a possibilidade da falha e na ocorrência desta, facilitando os serviços de reparo. Você já deve ter passado uma situação onde o acesso a um componente foi difícil ou, praticamente, impossível. Acrescenta-se a isso, a utilização de componentes de baixa qualidade, determinando um ciclo de falhas intermináveis. Isso só para citar alguns exemplos.

Atuei numa empresa, do ramo automotivo que possuía procedimentos internos descrevendo os requisitos necessários para a aquisição sob o ponto de vista da manutenção. Significa dizer que nenhuma máquina, ou utilidade, é instalada na planta sem a devida avaliação, a partir de requisitos específicos e normas técnicas prescritos pelas Engenharias de Manufatura/Projetos e Manutenção.

Outra modalidade, a qual atende aos requisitos de Prevenção da Manutenção, é a Gestão Autômona (ou TPM de modo reduzido). Contribui para amenizar os efeitos da degradação prematura do equipamento, bem como corrigir problemas numa fase inicial. Com o avanço tecnológico, atual dos equipamentos em geral e novas práticas industriais, requer contínua atualização.

3.2 Participação da Manutenção em Novos Projetos

3.2.1 Principais vantagens e benefícios

Os benefícios para o parque industrial são inúmeros. Cito, por exemplo, o fato de estabelecer uma interface mais assertiva com o departamento de Projetos de Novos Equipamentos (Engenharias de Processos ou de Manufatura), evidenciando oportunidades de correções e ajustes numa fase inicial, contribuindo de forma decisiva na redução das falhas quando o equipamento entrar em operação. Este raciocínio se aplica a outros tipos de projetos, como visto no Capítulo 2 deste livro, referente à Gestão de Projetos. Novas instalações fabris, ou uma nova edificação, novas linhas de produção, aquisição de utilidades de fornecimento de energia etc. Em todos estes casos, a participação da manutenção irá contribuir com a prevenção da manutenção ou minimizar os efeitos das falhas.

Eis alguns resultados mediante a não participação da Manutenção:

1. Falhas prematuras = "mortalidade infantil" do equipamento.
2. Componentes de difícil acesso = acréscimo do MTTR.
3. Aplicação de componentes e materiais de baixa qualidade.
4. Baixo nível de segurança operacional.
5. Operar acima da capacidade prevista.
6. Instalações inadequadas ou não compatíveis.
7. Falta de conhecimento da tecnologia aplicada.
8. Assistência técnica ineficaz.

Estes péssimos resultados variam de acordo com o seguimento. De uma maneira geral, quando certa organização adquire um ativo, sem a envolver a Manutenção, pode acarretar uma série de dificuldades que culminarão em baixos índices de produtividade e confiabilidade. Estes fatores negativos são determinantes para os mantenedores, pois acabam, na maioria dos casos, envolvidos em ações para reverter o mau funcionamento do equipamento, logo após a sua instalação e/ou entrada em operação na empresa. Isso acontece, pois é o departamento melhor capacitado e com melhores recursos disponíveis para contornar, ou amenizar, os erros de projeto.

Nas Indústrias de diversos seguimentos deveriam existir procedimentos definidos, possivelmente, pelos departamentos de engenharia, detalhando os requerimentos necessários para o desenvolvimento de novos projetos e nos quais estão determinados os requisitos necessários que contribuem para a Prevenção da Manutenção.

Por exemplo, alguns deles poderiam incluir itens relacionados à (ao):

1. Treinamento operacional.
2. Folha de Processo, com parâmetros operacionais adequados.
3. Aplicação de estudos estatísticos de monitoramento.
4. Estudo dos modos de falha: [6]FMEA (*Failure Mode and Effect Analysis*).
5. Estudos de Tempos e Métodos Operacionais.
6. Números de produção adequados à capacidade do equipamento.
7. Outros.

Se o seu seguimento não é industrial, mas de serviços ou de comercial, adapte os conceitos vistos até aqui.

Na fase inicial, seja na aquisição de novos equipamentos, implementação de novas linhas fabricação ou, até mesmo, uma unidade fabril avalie a fase de desenvolvimento, observando no mínimo:

1. Existência de situação similar na planta. É uma excelente maneira de corrigir defeitos e possibilitar novos projetos robustos e confiáveis.
2. Tecnologia aplicada esteja consolidada no mercado.
3. Estudos da Análise de Falhas, se aplicável.
4. Obediência às normas nacionais ou às internacionais relativas à construção, operação, manutenção e segurança.
5. Existência de itens especiais ou opcionais.
6. Documentação contendo as especificações da nova aquisição.
7. Valores apropriados e retorno de investimento (estudo de *payback*).
8. Necessidade de Contrato para Assistência Técnica.
9. Previsão de Treinamento operacional e para mantenedores.
10. Gestão dos materiais sobressalentes, por parte do fabricante.
11. Testes de aprovação nas instalações do fabricante e após local onde será instalado, utilizando *check list* dos itens a verificar.
12. Documentação necessária para aprovação e liberação da nova aquisição.
13. Logística envolvendo a aquisição (embarque, transporte e instalação).
14. Adequação das utilidades de sua planta: estudo dos valores elétricos e fluidos necessários para o funcionamento.
15. Documentação da nova aquisição (manuais de operação & manutenção, lista de sobressalentes).

6 No livro "Engenharia de Manutenção Teoria e Prática" (Ed. Ciência Moderna, RJ, 2009), Capítulo VII, o caro leitor irá obter informações detalhadas de como aplicar este estudo com ênfase em Manutenção.

Importante: Se existir equipamento ou instalação similar ao novo projeto proposto, avalie tecnicamente a viabilidade de reaproveitamento, isto é, a possibilidade de reforma total ou parcial. Se for viável, economicamente também, a empresa evita um investimento desnecessário. Parece estranho comentar sobre isso, mas seria terrível você se deparar com algum item descartado (material considerado sem utilidade e armazenado junto a outros sucateados) na sua organização e casualmente em bom estado de conservação.

Seja como for, a inclusão da Manutenção, neste processo, evitará transtornos. Evidentemente não os eliminam, porém, com certeza reduzirão a severidade e a frequência de ocorrência.

3.3. Aquisição e Padronização de Equipamento (O termo equipamento se refere à máquina ou utilidade)

Vejamos como seria a estrutura básica de um procedimento, referido anteriormente, contendo especificações a serem observadas e auditadas pelos engenheiros e técnicos envolvidos no processo de aquisição.

Em razão da minha experiência, ter sido mais em empresas do ramo metal-mecânico, o exemplo a seguir sobre: Procedimento para "Aquisição e Padronização de Equipamento" terá enfoque sobre uma máquina operatriz ou utilidade usual neste seguimento.

Aquisição e Padronização de Equipamento

1. Geral

1.1 Diretriz

Estabelecer padronização e diretrizes na aquisição de máquina operatriz ou utilidade, determinando normas técnicas específicas ou gerais. O projeto *standard* do fornecedor deve prover: custo mínimo durante a vida útil; Segurança Operacional; Mínimo Impacto Ambiental; Alta capacidade de produção de um produto com característica "classe internacional"; Confiabilidade & Manutenabilidade; Ergonomia e Conservação de Energia.

1.2 Normas de Referência

Todo e qualquer equipamento deve ter sua estrutura construtiva e funcional referenciados por normas nacionais (**ABNT Associação Brasileira de Normas Técnicas**) e/ou internacionais, em acordo com o país de origem.

1.3 Requisitos de Desempenho

O equipamento deve ter padrões de desempenho, isto é, não pode ter baixo rendimento. Ao contrário, contribuirá para os valores ruins dos indicadores, como o **MTBR** e **MTTR.**

Portanto, o fornecedor deve apresentar valores em sua proposta técnica.

Alguns valores para **MTBF (h) e MTTR (min)**, respectivamente:

a. Retífica plana: 5000 h e 130 min.
b. Fresadora Universal 6000 h e 110 min.
c. Máquina Polidora: 6.000 h e 40 min.
d. Torno a Comando Numérico: 2.000 h e 120 min.
e. Torre de Resfriamento: 8.000 h e 40 min.
f. Compressor: 10.000 h e 40 min.
g. Centro de usinagem: 4000 h e 20 min.

2 Especificações de sistema eletro-eletrônicos

2.1 *Hardware*

Em razão dos inúmeros fabricantes e modelos de *hardware*, o fornecedor deve indicar o melhor em sua opinião, mas com alternativas. Exigir documentação técnica, referenciando normas aplicáveis e viabilidade econômica.

Observação: Aqui vale lembrar que a Manutenção desenvolva uma lista de fornecedores preferenciais. No mínimo, contendo três opções de fabricantes, tendo como base a qualidade e o custo competitivo.

2.2 Valores Elétricos

O fornecedor deve receber as especificações dos principais valores de referência em acordo com os a pela concessionária e instalações de sua planta. Informe de maneira clara e objetiva os valores aceitáveis. Alguns dos valores elétricos para um determinado equipamento a ser adquirido são:

1. Tensão de controle 24 **VCC** ou 110 **VCA.**
2. Tensão de alimentação Trifásica 380 **VCA**
3. Tensão de iluminação e tomadas 220 **VCA** (fase e neutro).
4. Frequência da rede 60 **Hz.**

5. Fator de potência igual a 0,95 (mínimo). Muito importante, pois caso contrário, este equipamento afetará o rendimento energético de sua empresa, gerando multas, por exemplo, por ultrapassagem de demanda (kW).
6. Equipamento deve ter sistemas de aterramento completos.
7. Os motores elétricos trifásicos devem ser protegidos contra falta de fase.
8. Sistemas de Proteção contra sobrecargas.

2.3 Acionamentos de Eixos

O novo equipamento, se aplicável, deve conter novas tecnologias de acionamento de <u>eixo</u> ou <u>fuso de esferas circulantes</u>, os quais utilizam a servomotores (motores síncronos CA *brushless*). Descreva ao fornecedor as demais características necessárias para um bom funcionamento e assistência técnica.

2.4 Sistema de *Prova-de-Erro ou *Error Proofing*

Se for aplicável, solicite ao fornecedor que desenvolva este sistema. São fundamentais para as áreas de produção na condição de evitar erros operacionais e acredito que extensivo à segurança do operador. Este item deve estar em acordo com as exigências ergonômicas.

*No livro "Engenharia de Manutenção Teoria e Prática" (Ed. Ciência Moderna, RJ, 2009), Capítulo VI você poderá obter informações detalhadas sobre este sistema.

2.5 Especificações de CNC (ou similar)

Em se tratando de uma tecnologia de operação por Controle Numérico, é importante descrever as principais exigências operacionais e igualmente as descritas pelos mantenedores (exemplos: memória reserva com capacidade para mais de 25% de informações; vídeo e teclado completo, interface de comunicação (IHM – Interface Homem-Máquina); bom nível de proteção do painel de controle não deve ser comprometido).

<u>A tela de vídeo deve mostrar ao usuário, as seguintes informações</u>:

1. A posição de eixos, mensagens ao operador, histórico, contador de peças, tempo de ciclo etc.
2. Inclusão de alarmes:
   a. Bateria descarregada.
   b. Quebra de ferramental.

c. Sobretemperatura.
d. Sobretensão (V).
e. Erro de comunicação.

3. Dados de produção:
   a. Tempo de ciclo automático.
   b. Tempo de espera de carga.
   c. Tempo em erro número de esperas de descarga.
   d. Tempo ligado e tempo de espera de descarga.
   e. Número de peças produzidas.

2.6 Redes de Comunicação

Há casos em que o equipamento poderá ter uma comunicação em rede entre a Interface Homem-Máquina (IHM) e o software corporativo, ou ainda a outro o qual possibilite acesso aos dados operacionais a longas distâncias.

2.7 Motores elétricos e componentes associados

A motorização, importante para acionamentos, é um item sujeito à falhas frequentes. Portanto, melhor definir características que reduzam ao máximo a frequência de quebra.

<u>Algumas delas podem ser</u>:

1. Devem ser protegidos contra sobrecarga, sobre-corrente etc.
2. Grau de proteção, conforme aplicação e ambiente.
3. Forma de refrigeração dos sistemas rotativos.
4. Fornecer pinos graxeiros para lubrificação dos mancais.
5. Tipos de acoplamento.
6. Limites para suportas altas vibrações.

2.8 Acessórios e iluminação

O fornecedor pode divulgar e ofertar sistemas elétricos alternativos os quais podem melhorar o desempenho do equipamento. Caso contrário, especificar sistemas auxiliares a fim de possibilitar uma melhor operacionalidade, certamente, dependendo da aplicação do equipamento.

2.9 Outros Requisitos aplicáveis:

1. Componentes instalados devem ser na versão mais atualizada (de última geração).
2. Temperatura de trabalho deve suportar à interna de aproximadamente 40 ºC.
3. A temperatura interna dos painéis elétricos ≤ 65 ºC, se necessário prever condicionador de ar.
4. Condutores, cabos e fiação: cores e demais características em acordo com o padrão interno ou norma técnica (exemplo: na cor preta: Circuitos de potência **CA** e **CC**; na cor azul: Circuitos de controle **CC**).

3. Desenvolvimento da Aprovação do Projeto

3.1 Análise do projeto

O fornecedor deve enviar o projeto do equipamento à Engenharia de Manutenção. Juntamente com os demais departamentos envolvidos, iniciar a análise critica.

3.2 Documentação Técnica

São informações necessárias para instalação, operação e manutenção. Devem estar descritos todos os aspectos relacionados à documentação do equipamento em acordo com padrões estabelecidos, contendo (não necessariamente esta ordem):

3.2.1 Manual do Equipamento:

- Dados técnicos necessários para a montagem, início de funcionamento e de manutenção;
- Denominação, Modelo, N.º Pedido, N.º da Fabricação, Data de Entrega, Ano de Fabricação etc.; e
- Certificado de Garantia.

3.2.2 Desenhos do Equipamento:

- Plano de Instalação: *Layouts*, Fundação, Dimensões etc.;
- Incluir os agregados, plataforma de trabalho, bandejas coletoras de óleo, parafusos fixadores niveladores e posição das ligações de utilidades (energia elétrica, ar comprimido, água, etc.); e

3.2.3 Desenhos de Montagem:

- Listas dos subconjuntos e componentes.

3.2.4 Desenhos Construtivos:

- Deverão ser enviados em todos os casos sejam equipamentos *standard ou* especiais; e
- Acessórios e dispositivos *standard* ou especiais.

3.2.5 Instruções para Transporte:

- Ilustração sobre os cuidados com o transporte e movimentação;
- Medidas de segurança a serem tomadas;
- Peso total do equipamento, componentes e acessórios (ex. agregado hidráulico); e
- Dimensões.

3.2.6 Instruções de Manutenção:

- Instrução de Manutenção para equipamento, agregados, acessórios e componentes;
- Lista de diagnose de falhas, possíveis causas e ações corretivas;
- Informação de valores de ajustes, folgas, torques, pressões etc.; e
- Informações a respeito de limpeza e intervalos para manutenção de componentes, conjuntos, grupos construtivos da máquina, assim como, dos agregados hidráulicos, pneumáticos etc.

3.2.7 Execução do Procedimento de "Geometria do Equipamento:"

- O fabricante deverá informar todas especificações (valores e tolerâncias) para a medição. Importante: Exigir instrumentação calibrada e certificada por órgão competente.

4. Fabricação e Montagem

O equipamento terá seu processo construtivo acompanhado em toda a sua extensão, passando por análises até a aprovação do projeto. Uma equipe multifuncional (representantes de: Manutenção, Manufatura ou Produção, Produto, Qualidade, Segurança e outros) acompanharão essas etapas. Algumas das principais exigências para a fabricação a serem auditadas pela equipe:

a. Prever suficiente espaço para execução de serviços de manutenção e reparos.

b. Prever roscas para extração, discos extratores, ranhuras, furos passantes, etc., para facilitar a desmontagem/montagem.
c. Prever Facilidade para troca/ajustes de peças de desgaste (Exemplo ® Proteções com fecho rápido, acesso para troca de óleo, etc.
d. Usar sempre, que possível, peças normalizadas e comerciais (usar de preferência componentes já em estoque na empresa = padronização).
e. Marcação permanente dos códigos das peças usinadas = rastreabilidade.
f. Em equipamentos de produção extremamente importantes para o fluxo de produção e/ou processo, prever em pontos especialmente críticos, sistemas redundantes (por exemplo: instalar bomba sobressalente de forma comutável).
g. Fixação dos grupos construtivos de modo fácil, simples e preciso permitindo desmontagem e montagem na posição original.
h. Marcar de forma permanente os dados de ajuste por traços e inscrições para sua verificação, eventualmente, prever superfícies/pontos de referência para aparelhos de medição.
i. Em equipamentos, grupos construtivos e peças individuais pesadas prever possibilidade de fixação para elevação, por exemplo: parafusos com olhal, talhas, furos passantes (considerar o ponto de equilíbrio) informações sobre o peso. Permitindo transporte com empilhadeira.
j. Nas instalações que conduzem líquidos perigosos, prever bandejas para aparar o líquido em caso de vazamento.
k. Prever plaquetas indicativas do tipo: "Manutenção", "Ajustagem" "Operação" devem ser em português ou simbologia normalizada.
l. Prever reservatório de fluidos deve possuir respiro, tampas de limpeza e inspeção devem ser de fácil acesso. Internamente sem pintura ou com pintura especial resistente a contaminantes ou fluidos corrosivos etc.
m. Prever que filtros ofereçam facilidade de acesso, limpeza e inspeção.
n. Garantir a segurança dos movimentos de todos os acionamentos. Sob nenhuma circunstância deve permitir movimentos aleatórios no caso de paralisação seja em razão de interrupção de eletricidade, dos fluidos de ar comprimido ou hidráulico. Não poderá em hipótese alguma reiniciar seu funcionamento sem que haja um novo comando. Também proteções contra acidentes, observar os aspectos de ergonomia, fontes de ruído etc.
   Importante: Deverá atender a tecnologia atual e mais usual em segurança de trabalho, bem como atender prescrições de segurança impostas pelos órgãos competentes e em vigor por ocasião do fornecimento. Satisfazer às exigências e regulamentações ao órgão controlador do meio ambiente.

o. Nos circuitos de refrigeração, óleo de corte, óleo solúvel, o fabricante deverá informar os fluidos permitidos, bem como suas características físico-químicas, pressões, temperaturas etc.
p. Nos circuitos de refrigeração para equipamentos (em caso de equipamentos para de têmpera de indução) os quais usam a água como meio refrigerante, deverá ser fornecido, mas a partir de um circuito independente.

5. Remessa do equipamento

Antes do embarque do equipamento para o cliente, representantes da empresa, de posse do *checklist*, farão uma avaliação criteriosa para confirmar o atendimento aos requisitos de projeto e, principalmente, deste documento de aquisição (Padronização de Equipamentos).

6. Instalação

Durante a instalação do equipamento, técnicos do fornecedor responsáveis deverão estar acompanhados de representantes dos departamentos envolvidos. Contudo, é imprescindível a presença da Manutenção.

7. Treinamento

Os principais usuários, incluindo a Manutenção, deverão receber treinamento referente à operação, manutenção e programação do equipamento. O local poderá ser definido em comum acordo (Fabricante e Cliente).

8. Peças de reposição

O fabricante deverá fornecer uma lista completa de peças de reposição (sobressalentes), detalhada. Nesta lista, constarão os códigos próprios e as especificações dos componentes, incluindo ainda identificação e local de utilização no equipamento. É necessário também, o fornecimento da quantidade em estoque recomendada para cada item crítico.

9. Plano de manutenção preventiva e preditiva

O fabricante da máquina deverá fornecer o plano de manutenção preventiva e preditiva, indicando os itens do equipamento com as respectivas instruções e períodos para execução.

10. Aceitação do Equipamento
A aceitação final do equipamento se dará com a aprovação dos 9 (nove) itens anteriores vistos. Os documentos e *checklists* terão as assinaturas de ambas as partes, firmando os compromissos assumidos.

11. Exceções
Quaisquer exceções aos itens do procedimento devem ser encaminhadas à Manutenção, principal responsável pelo procedimento: "Padronização de Equipamento".

Sempre é bom relembrar que este procedimento e diretrizes deverá servir como referência, isto é, sujeito a sua análise crítica. Se considerar interessante e útil procure adaptá-lo à estrutura de documentos de sua organização.

NOTA DO AUTOR
Quando aplicável, levar em consideração as características de equipamento não *standard*, isto é, quando for considerada como Máquina Especial.

3.4 Manutenção Autônoma e as Novas Tecnologias

Antes de continuar a leitura, seria interessante você conhecer os fundamentos e conceitos deste importante programa de melhoria contínua. Consulte o livro "Engenharia de Manutenção Teoria e Prática" (Ed. Ciência Moderna, RJ, 2009), Capítulo II ou outra literatura contendo este mesmo assunto.

3.4.1 Introdução

Nas indústrias de transformação existe uma grande preocupação com a condição de operação dos equipamentos. No século passado, nasceram os programas de melhoria contínua com o intuito de criar ambientes propícios para os cuidados operacionais, limpeza e organização do posto de trabalho.

Neste novo século, é preciso sair da mesmice, isto é, se desvincular dos conceitos primitivos da Manutenção Autônoma (TPM de forma reduzida), onde geralmente as implementações se constituem em passar algumas tarefas aos operadores, após treinamentos de poucas horas.

Evidentemente, teve e ainda tem a sua eficácia, mas o que fazer quando o avanço tecnológico gera divergências por sua complexidade, ocasionando falhas indevidas? Neste caso, o programa em sua empresa, precisa de um *up grade* em sua essência. É necessário gerar mais informações à operação e, principalmente, inseri-la no processo de Planejamento da Manutenção, o que muitos autores denominam por Gestão Autônoma.

Voltando a questão formulada, sabemos que as tecnologias avançam em ritmo acelerado e não há como frear esse processo. Minha sugestão é reformar os programas que envolvem os operadores incluindo treinamentos específicos sobre *software* e *hardware* integrados ao equipamento, porém observando o nível adequado às suas tarefas diárias. Isso significa ampliar o conhecimento, bem além dos acionamentos elementares de sua máquina. É preciso entender o funcionamento e ampliar o campo de atuação da operação, reduzindo e, até em certos casos, evitando erros grosseiros. Neste ambiente, barreiras são vencidas, principalmente a do velho ranço entre operação e manutenção, isto significa manter as responsabilidades intrínsecas, mas tendo objetivos comuns. Desta maneira, abre espaço para uma interface equilibrada, onde todos ganham.

Não podemos negar que existem as diferenças (sociais e de qualificação). Este importante fator pode afundar, literalmente, qualquer programa que vise atuação em equipamentos de alta complexidade funcional. Portanto, as equipes precisam adquirir posturas mais adequadas, levando em conta o respeito, reconhecimento de limitações e principalmente de mútua cooperação. De outra forma, não há como obter sucesso em princípios autônomos. Soma-se a isso, as desconfianças de ambas as partes e ideias preconceituosas como "Faça a sua, eu já fiz a minha parte!", contribuem para um total e desastroso processo de gerenciamento autônomo. Como consequência, ocorre aumento das quebras e crescimento dos gastos em manutenção.

Embora todas essas situações sejam negadas, acontece com muita frequência e, em minha opinião, é o motivo principal para do insucesso da longevidade de programas de melhoria contínua.

3.4.2 Como obter a Gestão Autônoma?

Inicialmente, as áreas inseridas neste contexto, além da Manutenção, seriam Produção (ou áreas de transformação) e Segurança do Trabalho. Em seguida os Recursos Humanos, Qualidade e Materiais. Esses departamentos realizam boa parte das atividades referentes à manutenção autônoma e a partir de um bom alinhamento dos objetivos, será possível alcançar melhores resultados no programa, tendo como meta a gestão autônoma.

Por experiência própria, tendo participado do programa TPM (Manutenção Produtiva Total) como principal responsável e de vários eventos sobre este tema, relato ao leitor que o início sempre é motivador para todos os envolvidos, pois as tarefas de controle e planejamento fazem parte das atribuições e, os princípios desta atividade formam a base para a grande longevidade de qualquer ativo. À medida que o tempo passa, observamos com satisfação as melhorias de desempenho e das condições gerais do posto de trabalho. É muito gratificante, com certeza absoluta.

Porém, um dos fatores a considerar neste modelo de melhoria continua, num período bem adiante à implementação, é o fato de que o ser humano é um eterno insatisfeito (e você deve ter lido algo sobre isso). Então, reclamações e críticas "não construtivas" surgem a todo instante e aparecem os comentários do tipo "O TPM já deu o que tinha que dar".

Não se desespere. Caso seja o principal líder, reveja o material de treinamento. Após, faça uma análise crítica de todo o modelo TPM adotado. Ouça, isto é, dê ouvidos às sugestões, mesmo não concordando. Isso denominou por *brainstorming* ("tempestade cerebral" ou "chuva de ideias", é uma técnica de dinâmica de grupo, desenvolvida para explorar a potencialidade criativa de um grupo.).

De posse dos materiais de treinamento atualizado e demais informações obtidas junto aos seus colaboradores, elabore uma lista de possíveis alterações e ajustes no programa. Um importante item a considerar, sendo o enfoque de item 3.3 deste Capítulo, é considerar a inclusão de treinamento sobre assuntos relacionados às novas tecnologias envolvidas nos equipamentos onde o TPM atua, seja ele recém-adquirido ou reformado. Atente-se para esse fato, em ambos os casos, estas informações funcionais raras, quase nada chega ao operador.

Listei algumas ideias relevantes para qualificar o TPM de sua organização. Tem como embasamento as novas tendências descritas por profissionais de nível internacional. Obviamente, inclui algumas ideias próprias. Espero que o leitor aprecie.

<u>Ideias para um *up grade* na Manutenção Autônoma/TPM:</u>

1. O treinamento deve ser compatível com o nível de complexidade do equipamento. Não invente. Considere repassar conhecimentos compatíveis com as novas tarefas, capacidade de aprendizado e nível de escolaridade.

2. Envolva a operação no planejamento preventivo e preditivo.
3. Certifique-se que os procedimentos operacionais estão sendo entendidos.
4. Certifique-se que todas as tarefas autônomas estão bem entendidas e são executadas por todos.
5. Amplie as tarefas na medida em que operador aprende e domina a nova tecnologia.
6. Ministre treinamento sobre conceitos de RCM (*Reliability Centred Maintenance*), a Manutenção Centrada na Confiabilidade.
7. Incentive os operadores para voltarem a estudar em instituições oficiais ou buscar qualificação através de cursos profissionalizantes.
8. Possibilite treinamentos específicos sobre componentes comerciais de sistemas pneumáticos, hidráulicos, sobre **CLP** (Controladores Programáveis Lógicos), rolamentos etc. Alguns cursos são fornecidos de forma gratuita pelos fabricantes.
9. Divulgue aos operadores a importância dos Sistemas Preventivos e Preditivos. Monte treinamentos e mostre o planejamento da Manutenção.
10. Se aplicável, comente sobre novas técnicas, como a Manutenção Proativa.
11. Faça com que o operador contribua para a melhoria dos indicadores. Mostre a eles como são obtidos e como ajudar a alinhar resultados. (MTTR, MTBF, Disponibilidade etc.).
12. Ouça. Fale no próprio local de trabalho com operadores para avaliar maus resultados e traçar novas ações mais efetivas.
13. Seja o elo entre produção e manutenção que possibilite a coesão necessária para o sucesso de uma gestão autônoma.
14. Implante e discuta a Análise de Falha com ênfase na operação.
15. Demonstre que as falhas elevam os custos operacionais. A empresa perde e, a partir disso, a divisão de lucros estará comprometida!
16. Elabore FMEAs de Manutenção por equipamento. Divulgue aos operadores os principais modos de falhas e seus efeitos.

NOTA DO AUTOR

Para as questões relacionadas aos conflitos, busque ajuda! A área de recursos humanos de sua empresa, terá profissionais que irão orientá-lo e juntos chegarão a uma solução adequada. É preciso reconhecer a sua expertise. Administrar conflitos não é uma disciplina que se aprende em cursos técnicos ou de graduação em Engenharia. É preciso obter conhecimento e formar círculos de confiança. Melhorar as relações no trabalho é uma tarefa árdua para qualquer profissional, portanto, não se sinta incompetente.

3.4.3 Caso: "Manutenção Autônoma em Banco de Teste para Motores"

3.4.3.1 Introdução

A metodologia TPM[7] (Total Productive Maintenance) é uma das grandes ferramentas da melhoria continua aplicada aos ativos de uma organização. É bem conhecida no seguimento metal mecânico, mais precisamente nas indústrias automobilísticas.

Teve ênfase a partir da manutenção preventiva. Com este enfoque foi desenvolvido o conceito de Manutenção Produtiva Total que inclui atividades de melhoria contínua e pode ser aplicada a equipamentos, utilidades, ou posto de trabalho.

A chamada de PM (Preventive Maintenance) teve seu início no Japão na década dos anos 1950. São dessa época, as primeiras discussões a respeito da importância da Manutenabilidade (ou Mantenabilidade, isto é tornar o reparo mais fácil e rápido) e sua importância nos processos produtivos que precisam de equipamentos com altos índices de Disponibilidade e Confiabilidade. A rentabilidade de uma organização passava pela eficiência dos mantenedores em consertar os ativos.

A partir dos anos 1960, dá-se o devido reconhecimento sobre a importância da manutenção de alta capacidade, tendo em vista a necessidade de produzir mais, com menos paradas de máquinas por falhas. A Confiabilidade passa a ser ponto-chave para a melhoria da eficiência. Surgiu, assim, A Manutenção Preventiva contendo as técnicas para se antecipar a falha. Permitia as organizações serem mais competitivas. A qualidade dos serviços de manutenção entra em uma nova era, e é considerada setor estratégico.

7 Caro leitor, para obter mais abordagem sobre a metodologia TPM você encontrará no livro "Engenharia de Manutenção Teoria e Prática", Ed Ciência Moderna, RJ.

A partir dos anos 70, na mesma linha da busca de maior eficiência da manutenção, no Japão nasce a TPM. As empresas queriam que seus ativos tivessem o maior ciclo de vida possível e somente os serviços de reparo não eram suficientes. Era necessário que o operador participasse destas atividades, limitado a limpeza, conservação e pequenos reparos. Neste mesmo período, surgiram outras teorias com os mesmos objetivos. O objetivo era o de aumentar a gestão participativa e surgimento do operário polivalente.

Os cinco Pilares da TPM são:

1. **Eficiência** dos Ativos: Confiabilidade e Disponibilidade.
2. **Autorreparo**: Estabelecer pequenas atividades para que operador possa tornar se o mais autônomo possível.
3. **Planejamento** Manutenção (atuação eficaz do PCM, Planejamento e Controle de Manutenção).
4. **Treinamento:** Contínuo aprendizado da operação e mantenedores em capacitação técnica e habilidades pessoais.
5. **Ciclo de Vida:** Através da aplicação da Manutenção Autônoma, tornando mais eficaz a gestão do ativo.

Os Objetivos da TPM:

O objetivo é o cuidado permanente com máquinas, equipamentos, ferramentas, utilidades, matéria-prima, produtos etc. (e em termos humanos, o aprimoramento das capacitações pessoais envolvendo conhecimentos, habilidades e atitudes). A meta a ser alcançada é o rendimento operacional global.

Algumas das ações podem ser:

- Capacitar os operadores para que agir de forma voluntária;
- Capacitar os mantenedores a serem polivalentes, isto é, atuarem em equipamentos de alto nível tecnológico;
- Interagir com Engenharias de Manufatura para que novos equipamentos tenham acessos fáceis para ajustes e reparos; e
- Incentivar estudos e sugestões para modificação dos equipamentos a fim de aumentar o seu rendimento e vida útil.

Outro conceito da TPM é a da "Quebra Zero" o qual se baseia no conceito de comparar o conjunto de falhas, a um Iceberg. A falha visível (parte acima da superfície) é causada por uma coleção de falhas invisíveis (parte submersa).

As falhas não perceptíveis "a olho nu" ocorrem em locais de difícil acesso ou encobertas por detritos e sujeiras (por esta razão, a Manutenção Autônoma é importante pois prevê no escopo de suas tarefas, a limpeza diária). Outro motivo se deve à falta de interesse ou de capacitação dos operadores.

As medidas para obter a "Quebra Zero" podem ser:

a. Estruturação das condições básicas.
b. Obediência às condições de uso.
c. Regeneração do envelhecimento.
d. Sanar as falhas do projeto.
e. Incrementar a capacitação técnica.

A Manutenção Autônoma

Quando atuava como Engenheiro de Manutenção, tive orgulho e muita satisfação de estar à frente do Programa TPM na **MWM International**, unidade localizada no município de Canoas, RS, e que infelizmente encerrou suas atividades no ano de 2016.

O modelo TPM na qual trabalhávamos era simplificado, isto é, aplicávamos a Manutenção Autônoma. Os operadores eram treinados para supervisionarem e atuarem como mantenedores, em primeiro nível (limpeza e pequenos reparos). Os técnicos de manutenção atuavam em problemas complexos ou melhorias. Então, o operador além de suas atribuições operacionais, também executava tarefas autônomas a partir de frequências determinadas.

Após sedimentar os conceitos na unidade de Canoas e com excelentes resultados, a alta administração entendeu que deveria ser implementado nas outras unidades da companhia.

A seguir, apresento o *case* sobre a implementação da metodologia TPM na unidade localizada em São Paulo. Definido o equipamento para o projeto piloto, seguiu se as fases de treinamento e implementação.

Caso de Implementação da Manutenção Autônoma em unidade da empresa MWM Internacional, localizada em São Bernardo do Campo (SBC), no Estado de São Paulo e realizado em julho de 2004.

Figura 3.1

Fase Inicial do Projeto. Ocorreu o treinamento sobre a metodologia TPM. Também foi feito o planejamento da Implementação. Instrutor: Mário Jorge Pereira

As Fases "Evento TPM – SBC" foram constituídas de:

1. Parte Teórica:
   - 1.1 Treinamento sobre TPM – Definições e Objetivos.
   - 1.2 Principais Causas de Falha em Equipamentos.
   - 1.3 Atribuições da Equipe e Registros Operacionais Necessários.
   - 1.4 OEE - Eficiência Global Equipamentos.

2. Parte Prática: técnica *"on the job"*
   - 2.1 Identificar as Anomalias e Oportunidades de Melhorias.
   - 2.2 Limpeza, Pintura e Organização do Posto.
   - 2.3 Correção das anomalias e implementação de melhorias.
   - 2.4 Descarte de Materiais obsoletos.
   - 2.5 Implementação da Manutenção Autônoma.

O evento durou uma semana. Teve início numa segunda-feira e foi concluído na manhã da sexta-feira. O saldo do trabalho foi muito positivo e é o que veremos a seguir na sequência dos registros do evento.

Na terça-feira, após as 13h, a equipe foi até o local, posto de trabalho, que seria implementado a Manutenção Autônoma. A unidade definida para este projeto piloto foi um dos Bancos de Teste de Motores à Diesel, **o BT07**. Após, a metodologia seria aplicada às demais Salas de Teste, a partir de um planejamento definido pelos gestores e operadores de teste.

A metodologia prevê que a parte prática seja no próprio local de trabalho (*on the job*) e ao identificar uma anomalia ou ponto de melhoria, o "Cartão TPM" deve ser afixado no local. Existem diversos modelos, tamanhos e formas de uso. Em duas vias, definindo a cor vermelha para anomalia e, azul para a melhoria etc. Como era coordenador TPM, defini que somente um modelo era o suficiente.

3.5 Identificar as Anomalias e Oportunidades de Melhorias

O "Cartão TPM". Ao identificar pontos de falha, o operador deveria registrar, preenchendo devidamente os dados solicitados. Uma via ficava afixada no equipamento, e a outra permanecia no Painel TPM. Posteriormente, o pessoal da manutenção em sua rotina diária, arrecadava os cartões e planejava a ação corretiva ou preventiva necessária.

Figura 3.2
Na terça-feira, a partir das 14h, a equipe vai até o BT07 para uma avaliação completa. Foram discutidas as ações necessárias para as correções e melhorias. Fase onde todos portavam Cartões TPM e iam afixando em pontos identificados como anomalia.

Importante: Não tem sentido implementar a Manutenção Autônoma em equipamento ou posto de trabalho em péssimas condições. É uma metodologia de mantenimento. Portanto, tudo deve estar o mais próximo possível da condição de "produto novo".

INTERNATIONAL Engines

ANOMALIAS E MELHORIAS

MÁQUINA: BT - 07 DATA: 24/07/2002

Nº	DESCRIÇÃO DA ANOMALIA E/OU MELHORIA	N CARTÃO
1	Intercooler Obsoleto	1
2	Tampa da caixa dágua com recorte incorreto impossibilitando montagem	2
3	Armário de Ferramentas Inadequado	3
4	Grelha possibilita que peças caiam no solo	4
5	Sistema da Bomba Dágua Auxiliar do motor Desprotegida	5
6	Suporte da Fiação de termopares inadequada	6
7	Filtros de painel elétrico Saturados	7
8	Mangueira com excesso de abraçadeiras	8
9	Mangueira de emissões solta	9
10	Visor de nível água sujo	10
11	Interruptor inoperante (bomba de sucção de óleo)	11
12	Fio terra da Bomba Dágua auxiliar inadequado	12
13	Fiação não utilizada (bba de sucção de óleo)	13
14	Trocador de calor Inoperante	14
15	Escapamento entupido de jornal	15
16	Proteção do cardã sem trava	16
17	chapa que leva água para calha solta e amassada	17
18	Tubulação de água da torre com registro inoperante	18
19	Mangueiras de água/combustível sujas	19
20	Falta identificação de interruptores	20
21	Haletas do exaustor sujas	21
22	Grade da saída do exaustor solta	22
23	Mangueira do blow-by inadequada	23
24	Mangueira de saída do forno amarrada com barbante	24
25	Armário Desorganizado	
26	Tampa da calha Protetora da fiação fora de posição	
27	Peças de apoio utilizadas nos testes sem Local Correto para Armazenamento	
28	Paredes Sujas	
29	Proteção da fiação (Painel externo) quebrada	
30	Registro de combustível fora de Funcionamento	
31	Excesso de Material Desnecessário	

Figura 3.3

Após a visita de inspeção, foram encontrados 31 itens a serem corrigidos ou melhorados no BT07.

3.6 Limpeza, Pintura e Organização do Posto

Na quarta-feira, a partir das 8h, teve início a Fase 2.2 que é literalmente "colocar a mão na massa". O pessoal do administrativo que participa deve usar o avental, ou utilizar uniformes, pois a sujidade do ambiente, juntamente com as atividades de limpeza e pintura, pode estragar a roupa. Portanto, não são somente os operadores de teste que executaram as atividades práticas, mas gestores, estagiários e todos aqueles que participam do treinamento. A metodologia, por esta obrigatoriedade, visa unir a equipe e que todos valorizem a integridade do posto de trabalho, isto é, mantê-lo limpo e organizado. Acredito ser uma experiência de grande valia, principalmente, para aqueles que atuam em escritórios, tendo pouco contato com as atividades técnicas da organização.

Figura 3.4

A fase de limpeza com a participação de todos os participantes do treinamento. A medida que as anomalias eram entradas, cartões TPM (identificados por círculos) eram afixados no local ou mais próximo possível.

3.7 Correção das anomalias e implementação de melhorias

Ao final da quarta-feira, iniciava a fase dos consertos e adequações no BT07. Em geral, foram consertos simples. Para a substituição de itens com defeito ou danificados, não houve investimento significativo, pois boa parte dos itens era de estoque. Esta é uma das caraterísticas da Manutenção Autônoma, baixo investimento com base em uso de materiais descartados, mas bem úteis para o propósito do projeto.

Foram feitas diversas melhorias, seguem exemplos para sua orientação:

Situação Anterior (fig.3.5)

Situação Atual (fig. 3.6)

Situação Anterior (fig.3.7)

Situação Atual (fig.3.8)

3.8 Descarte de Materiais Obsoletos

O descarte dos materiais obsoletos quase sempre surpreende os envolvidos, nem tanto pela diversidade, mas muito pela quantidade.

Figura 3.9
A fase de descarte de materiais, contidos no interior do posto de trabalho, surpreendeu a todos os participantes.

3.9 Implementação da Manutenção Autônoma

Após as fases que exigem muito trabalho por parte da equipe, são definidas as tarefas autônomas, isto é, o operador diariamente verifica o Painel TPM, identifica e executa as atividades, de acordo com a frequência. Neste modelo adotado, cada posto de trabalho recebe um painel contendo todas as informações necessárias e um lote de Cartões TPM.

Essas ações são definidas em conjunto: Operação e Manutenção. Se houver alguma tarefa com certo grau de dificuldade, o operador recebe o treinamento específico e ferramentas adequadas. Os operadores de banco de teste de motores são profissionais qualificados em razão da atividade. Ele acopla o motor a um dinamômetro, faz as conexões com sistema computadorizado, aciona e monitora as condições de funcionamento ao longo de período que varia conforme determinação da Engenharia de Produto.

Os painéis são fabricados por empresas que, normalmente, já executam trabalhos cujos clientes necessitam de placas para divulgação de sua empresa, e neste caso em especial para as indústrias que adotam a TPM. Outra característica dos programas da qualidade é o fato de utilizarem paineis para divulgação de resultados.

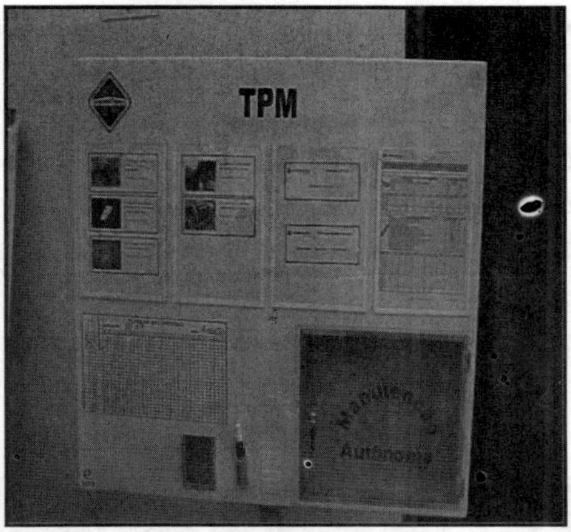

Figura 3.10
O painel TPM. Acima os suportes para que as Folhas A4, contendo figuras e descritivo da atividade.

Ainda sobre o painel, podemos observar na posição abaixo e à esquerda, um cronograma: na vertical as atividades e na horizontal, os dias do mês corrente. Ao executar a tarefa, ele assinala com a caneta para que demonstre ao gestor e/ou auditor que executou devidamente a tarefa. Ao lado do suporte para caneta, os Cartões TPM. Abaixo e à direita, existe um pequeno espaço (com porta e chave) com a descrição "Manutenção Autônoma" reservada para guarda de matérias para aquela tarefa que necessite de ferramenta ou sobressalente.

3.10 Conclusão

Executei diversos treinamentos similares a este, na maioria, o objetivo eram máquinas ferramentas (Fresadoras, Centros de Usinagem, Retificadoras etc.). Escolhi o evento em Banco de Teste, pois é mais próximo das utilidades gerenciadas pela Manutenção de Facilities. Estes são os principais benefícios adquiridos na TPM:

- Operação correta do Equipamento;
- Prevenção de grandes falhas (inspeção diária);
- Equipamento sempre limpo e conservado;
- Posto de Trabalho Organizado (Metodologia 5S);
- Aumento do espirito de equipe: Operação & Manutenção;
- Autoconfiança renovada por parte da Operação;

- Cria o senso de "posse" do equipamento ("Desta máquina cuido eu")
- Aquisição de novas habilidades;
- Melhor comunicação entre as pessoas;e
- Aumento significativo da satisfação no trabalho.

Pouco antes da conclusão do treinamento, solicitei ao grupo que definisse, em uma frase, o sentimento coletivo sobre o evento. A escolhida foi essa:

"O caminho é este, trabalho em equipe para alcançar as metas e melhorias dos processos"

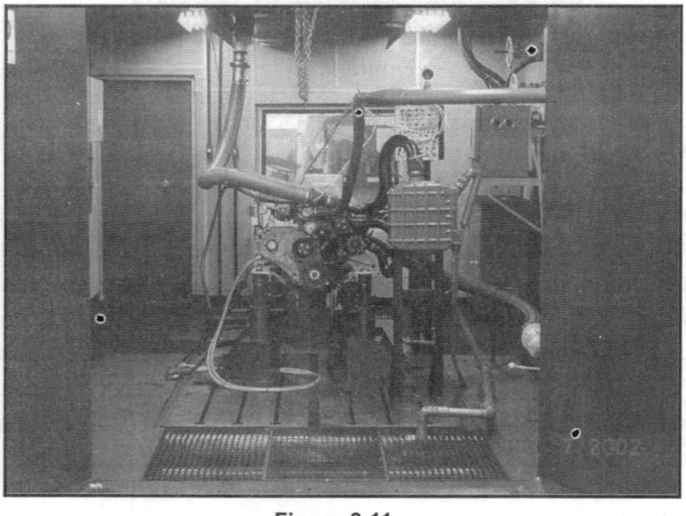

Figura 3.11
Disposição final do BT07.

3.11 Análise de Defeitos em Sobressalentes

A técnica de Análise de Falhas deveria ser usual no dia a dia do mantenedor. É uma afirmação a qual pode ser contestada, mas se isso não acontece em sua organização, o que é feito para evitar a reocorrênca?

Uma das formas simplificadas é a técnica dos "Cinco Porquês?". Já o "Diagrama de Análise de Causa-Efeito" ou "Espinha de Peixe" necessita de ser realizado em local mais apropriado e do uso de documentos, grupos multidisciplinares e levantamento do histórico das principais ocorrências relacionadas à falha. Ainda acrescentamos a isso, os relatórios e planos de ação. Como visto, perguntar até cinco vezes o por quê? O motivo da falha ter ocorrido, é mais prático, embora os demais métodos sejam mais consistentes.

As etapas, para uma boa análise de falhas, iniciam pela coleta de dados, sempre com base na metodologia escolhida e fundamentada em padrões da qualidade existentes. Fazer de qualquer jeito não é aconselhável, melhor seria não fazer. Aqui vale ressaltar a importância da veracidade e precisão dos dados a partir dos registros feitos por parte dos mantenedores após os reparos executados no dia a dia.

A inspeção visual da peça que falhou nos diz muito e se for feita em ambientes laboratoriais e com instrumentação adequada, permite medição e ensaios e consequentemente obtemos informações mais precisas. As falhas, quando observáveis visualmente, nos dizem muito sobre a causa. É o caso de peças mecânicas, cuja superfície pode demonstrar a severidade e intensidade da ocorrência.

Outra forma de avaliação é conseguir informações detalhadas de eventos similares ocorridos e comparar com a falha atual. Em empresas automobilísticas há referência de eventos forçados de falhas, com intuito de analisar o comportamento dos materiais diante de defeitos que podem ocorrer com o usuário final (testes de cintos de segurança, de durabilidade de pneus, desempenho em terreno acidentado etc.). Na aviação, geralmente, as companhias, a partir de indícios de mau funcionamento em componente crítico, organizam uma reconstituição do evento com base nas mesmas condições em que se encontrava a aeronave no momento do acidente. Os diagnósticos se tornam significativos ao observamos a falha em ambiente controlado.

Existem eventos onde a falha possui ou, supõe-se que exista mais de uma causa, e as ações de contenção ou corretivas são diversificadas no intuito de eliminá-la. Existem ainda, as falhas em sequência, cuja característica é o surgimento de um defeito que ocasiona uma série de outros em diferentes componentes. Ambos os casos, ocasionam dúvidas para a equipe diante da aplicação de uma solução eficaz.

Em uma análise de falhas, seja qual for o método aplicado, aplique técnicas *brainstorming*. Deixe livre o pensamento e não reprima os companheiros em suas manifestações sobre as possíveis causas.

Caso não estejam certos de que a principal causa é realmente a verdadeira, utilize técnicas proativas ou de monitoramento da condição: vibração, pressão, temperatura etc., vistas no Capítulo I deste livro.

Dicas para a "Prevenção da [8]Falha":

a. Fortaleça a Manutenção Preventiva e Gestão Autônoma. Ambas contribuem para que a falha seja evitada ou, na ocorrência, tenha seu efeito amenizado.
b. Melhore a condição de segurança operacional e implante sistema "prova-de-erro", se aplicável.
c. Atue em subconjuntos que atuam precariamente seja ele ou mecânico (caixa de engrenagem), ou elétrico (painel de comando). São ambientes perfeitos para o aparecimento de falhas indesejáveis.
d. Não tenha vergonha de copiar, use a *benchmark* e identifique os exemplos de sucesso. Identifique as melhores práticas e implante no equipamento. Monitore e verifique se deu certo, caso contrário, veja o que está errado, faça ajustes. Melhore a situação de forma contínua.

3.12 Melhores Práticas para a Prevenção da Manutenção

Gerenciamento de Recursos Humanos e Financeiros

Este é o item crítico na manutenção. É o "termômetro" das condições de "saúde de um departamento". O principal gestor tem a difícil tarefa de gerir os gastos com mão de obra e demais recursos (investimentos autorizados) para manter o parque industrial.

O sistema de custeio precisa atender às necessidades de controle a curtos espaços de tempo. De nada adianta saber, ultrapassou o orçamento previsto somente ao final do mês!

Outro detalhe esquecido é que para obter um bom gerenciamento de recursos não é suficiente *software* de última geração. É preciso criar ou aumentar a consciência da equipe em questionar e buscar alternativas quando se deparam com valores elevados. Melhore a comunicação interna, ouça e discuta possíveis soluções mais econômicas.

Algumas dificuldades que contribuem para deficiências na comunicação são os intervalos de trocas de turnos e quando há constante troca dos técnicos entre as equipes.

A gestão da equipe não deve ser deixada de lado. Os fatores psicológicos influenciam no desempenho. Alguns exemplos são:

8 Para informações detalhadas sobre Análise de Falha, Diagrama de Causa e Efeito e "Cinco Porquês?", Sistema Prova-de-Erro Consulte o livro "Engenharia de Manutenção Teoria e Prática" (Ed. Ciência Moderna, RJ, 2009), Capítulo VI, ou outra literatura contendo estes assuntos.

a. Estresse;
b. Idade dos técnicos (geralmente avançada);
c. Estado geral de saúde não adequado à função;
d. Tabagismo;
e. Alcoolismo;
f. Medicamentos em excesso;
g. Má alimentação; e
h. Falta de descanso apropriado.

Todos devem ser rastreados e controlados de alguma forma.

Treinamento

Os problemas de formação profissional, como a falta de qualificação e/ou ensino nível médio, reduziram muito nos últimos anos em razão da exigência de 2º grau completo para se conseguir uma oportunidade de trabalho. De qualquer forma, investir em treinamento é sempre um meio de reduzir os erros e, obviamente, as falhas durante os serviços de reparo.

Alguns gestores entendem que a qualificação da mã de obra implica em aumento de folha salarial. Penso não ser admissível ao bom profissional possuir salário abaixo do mercado de trabalho. No meu entender, é aconselhável ouvir as queixas dos mantenedores, levando os casos mais críticos à direção da empresa. Assim, evitamos as surpresas, muitas vezes desagradáveis. Uma equipe qualificada, bem remunerada e motivada, tem mais chance de produzir bons resultados.

Especialistas em relacionamento interpessoal no trabalho ressaltam: "Mais importante do que os grandes salários, é promover a qualidade no ambiente de trabalho, isto é, respeito ao ser humano e consideração profissional".

Qualificação Técnica

Geralmente os departamentos são formados por funcionários habilitados e com vínculo empregatício e estes estão aptos a executar, supervisionar e inspecionar os serviços de manutenção. O mantenedor terceirizado e sem contrato formal, é uma temeridade quando atua em equipamentos críticos. É preciso comprometimento com o resultado.

Os gestores departamentais devem selecionar cuidadosamente seus empregados, bem como manter um monitoramento da sua capacidade em executar suas atividades com qualidade e dentro de padrões estabelecidos. Na fase de contratação de mão de obra, tenha o cuidado de submetê-lo a um teste prático e uma criteriosa avaliação de sua experiência anterior.

Além das qualificações específicas, por exemplo, em eletricidade industrial, mecânica automotiva, adquiridas junto a escolas técnicas, seria interessante que tenham habilitação por órgãos credenciadores, como o **CREA (Conselho Regional de Engenharia e Arquitetura).** Creio ser aplicável não só aos engenheiros, mas aos técnicos de nível médio.

Biblioteca Técnica

Um local de extrema importância para uma área de manutenção é a sala onde ficam arquivados os manuais, especificações do maquinário e os livros técnicos para consulta. Dispensa maiores comentários não ter um local como esse, devidamente, organizado e identificado aos moldes do Programa 5Ss. Um detalhe importante: a cada alteração nas especificações dos equipamentos ou utilidades, os documentos devem ser atualizados. Lembre-se, lá não é depósito. Portanto, descarte documentos obsoletos. Coopere com o meio ambiente!

Adequação de Ferramental

Item difícil de eliminar são as "invenções" dos mantenedores que insistem em utilizar ferramental inadequado (um bom exemplo disso é quando vemos um eletricista descascar a ponta de fios elétricos com uma faca ou estilete!) ou, ainda, construir a partir de soldagem, unindo um determinado metal à ferramenta de trabalho (soldar um prolongador a chave de fenda, de forma a estender sua amplitude de uso). Certamente o leitor irá se lembrar de outros exemplos. Em certos casos são bem úteis.

No entanto, antes de pensar em construir consulte os catálogos de fabricantes de ferramentas manuais. Existem diversas opções, algumas com alterações para facilitar o serviço e outras com grandes inovações, demonstrando que existe tecnologia na neste seguimento. Caso não encontre o ferramental adequado à sua necessidade, recorra ao setor de projetos e ferramentaria (usinagem de componentes de máquinas e dispositivos de operação) e neste caso, este instrumento será fabricado com melhor qualidade e precisão.

Nota do Autor

Caro leitor, vamos deixar os improvisos para os seriados de ação, como no ocorria com o herói do seriado **MacGyver**, conhecida no Brasil como **Profissão: Perigo** que foi uma série de televisão exibida entre os anos 1980. Era sobre um agente secreto que resolvia seus problemas graças a conhecimentos científicos, engenhocas e uso de um canivete

Segurança

A falta de segurança no exercício da manutenção em ativo é algo inadmissível. Toda a equipe é responsável pelas condições inseguras a que o mantenedor está sujeito, inclusive ele próprio. O assunto é polêmico. As proteções existem e em muitos eventos ocorre o descaso ou pensamentos do tipo: "Nada de ruim vai me acontecer, acidente só ocorre com os outros".

Alguns seguimentos industriais incluíram nas Ordens de Serviço, as informações e obrigatoriedades do EPI (Equipamento de Proteção Individual) adequada às tarefas necessárias e às aplicadas durante o reparo. Essa burocracia no ramo metal mecânico pode não ser bem aceita, dada a necessidade de rapidez e agilidade em consertar ativos nos processos industriais, porém acredito ser uma questão de se adaptar ao novo hábito.

As sistemáticas mais rígidas na segurança em manutenção tendem a reduzir os acidentes do trabalho. Lembrar que este evento, além dos danos físicos, afeta também o equipamento. Em ambos os casos haverá custos envolvidos, o que afetará a rentabilidade da organização.

Nos gastos operacionais, são em geral, considerados apenas os valores do próprio processo de fabricação acrescidos de eventos como os retrabalhos e não são considerados os gastos com afastamento do funcionário e/ou dano ao maquinário.

Uma das questões importantes é a condição insegura. Muitas vezes em nosso dia a dia nos deparamos com esta situação. Exemplos em nossa vida cotidiana que vão desde trocar uma simples lâmpada, sem desligar o disjuntor principal; passando por operários da construção não utilizando cintos de segurança; dirigir e falar ao celular, dentre tantas outras que poderia citar. Todas elas induzem ao erro, por sua vez, à falha e, finalmente, aos efeitos indesejáveis. Nas empresas essas condições existem, devemos estar atentos.

Retornando ao meio industrial, se for usual um procedimento de auditorias nos serviços de reparo executado, inclua nos planos de manutenção (corretivos e preventivos) à segurança. Avalie o serviço executado e se o mantenedor fez uso do EPI necessário à atividade executada. Avalie se há existência de condições inseguras e creio que a probabilidade de riscos de acidentes ficará extremamente reduzida.

No caso de equipamento estrangeiro, utiliza-se ferramental seguindo os padrões do país de origem.

Há situações e condições mais severas. A norma NR10 trata da segurança em instalações e serviços em eletricidade, na qual exige certificação de ferramental, capaz de suportar cargas elétricas e evitar acidentes e danos físicos. Outra situação onde há grandes riscos, inclusive de vida, são os trabalhos em espaço confinado. Diversos procedimentos são previstos antes do início das atividades de reparo. A norma NR 33 trata deste assunto com muita propriedade.

Todo o serviço exige respeito às normas de segurança, independentemente do seguimento: industrial, comércio ou de serviços.

Sistema da [9]Qualidade

O departamento de controle da qualidade, principal responsável pela obediência aos requisitos de normas, por exemplo, ISO 9001:2000, por vezes é criticado por sua rigidez junto às áreas produtivas. Pensemos dessa forma: padronizar a rotina evita ocorrência falhas e garante que o produto esteja de acordo com as especificações de projeto.

Grande parte das organizações obteve aumento de produtividade e melhoria da qualidade de seus produtos. Na manutenção não será diferente e sem dúvida trará os resultados organizacionais: planejamento e serviços de alta *performance*. Sendo assim, leve a sério os procedimentos definidos para as principais atividades. Em seguida amplie para as demais linhas de atuação até que esteja totalmente sedimentado

Os padrões exigidos de qualidade independem do seguimento de atuação. É um excelente marketing para o seu departamento ou empresa prestadora de serviços.

Rastreabilidade na Manutenção

A Rastreabilidade, de acordo com os padrões internacionais, é definida como a habilidade de descrever o histórico, aplicação, processos e localização de um item em produção, nos diversos setores de uma determinada organização. Significa manter os registros necessários para identificar e informar os dados relativos à origem e destino de um produto ou componente.

É um conceito surgido devido à necessidade de acompanhar um produto na cadeia logística, isto é, da fase incial do processo (matéria-prima) até a final (consumidor). É muito utilizado e até obrigatório em ambientes de controle de qualidade total.

9 Para informações detalhadas sobre sistemas de qualidade aplicáveis à manutenção, consulte o livro "Engenharia de Manutenção Teoria e Prática" (Ed. Ciência Moderna, RJ, 2009), Capítulo IV, ou outra literatura contendo estes assuntos.

É aplicada amplamente nos processos de manutatura dos diversos seguimentos de produção. Alguns deles são: animais para consumo humano, automotivo, aeronáutico, químico, eletrodomésticos, medicamentos, máquinas ferramentas, utilidades industrias, fornecimento de energia elétrica, implementos agrícolas, cosméticos, plásticos, dentre tantos outros. Portanto, é um procedimento usual nas linhas de fabricação, sendo uma exigência não só por normas da qualidade, mas pelos clientes (esperam que o produto esteja de acordo com as suas especificações).

Ao aplicar a rastreabilidade nos ambientes de manutenção, tendo vista a origem do termo no verbo: rastrear, ela poderá auxiliar na investigação da causa das falhas. Pode também, evitar o emprego de material inapropriado ou não aprovado num determinado reparo. Alias, é muito comum acontecer a substituição de componentes por outros fora de especificação, sem aprovação prévia do fabricante. Se for aplicável ao seu departamento, obtenha maiores informações de como aplicá-la. Mais detalhes sobre o tema Rastreabilidade e exigência em: Norma da Qualidade ABNT **NBR ISO** 9001:2015, versão mais atualizada.

Ainda se preferir avaliar estas atualizações e outras referentes à Manutenção, acesse:

➠ http://www.abnt.org.br/publicacoes

CAPÍTULO 4
MANUTENÇÃO DE CLASSE MUNDIAL

4.1 Introdução

Em países de primeiro mundo, as organizações estão sempre em busca de novas estratégias que as auxiliem em permanecer nas posições de destaque, isto é, manter o melhor desempenho em seu seguimento. Na manutenção não é diferente, pois fazem parte deste contexto e a responsabilidade sobre os ativos é bem clara. Não tive a oportunidade, ainda, de conhecer setores industriais internacionais para exemplificar melhor. O meu conhecimento se deu em empresas multinacionais aqui no Brasil e através de estudos e leituras que descrevem as grandes diferenças existentes, bem como atualizações por meio de participação em cursos e em eventos deste seguimento.

Segundo especialistas e consultorias de nível internacional, a manutenção do terceiro mundo possui integralmente, ou parcialmente, algumas das seguintes situações desastrosas:

- Alta taxa de retrabalho;
- Falta de planejamento adequado;
- Má gestão de estoque de sobressalentes;
- Alto índice de serviços não previstos;
- Histórico de manutenção não confiável;
- Alto índice de horas extraordinárias.

São características presentes, mesmo em empresas com departamentos bem alinhados. A razão é o desinteresse em seguir métodos já consagrados de gestão, até mesmo por desconhecimento. Outro fator a considerar são as consequências desta má administração, onde muitas vezes transfere-se a culpa à falta de tempo em obter soluções razoáveis para amenizar este quadro.

Algumas das consequências da situação acima descrita podem ser:

- Equipe desmotivada;
- Alto nível de absenteísmo;
- Elevado número de máquinas e equipamentos inoperantes;
- Baixos índices de disponibilidade e confiabilidade;
- Indicadores de rendimento bem abaixo das metas; e
- Afeta a rentabilidade da organização.

Bem, o leitor tem o direito de discordar desta apresentação da situação na qual se encontram boa parte dos quadros de manutenção no Brasil. Pode não existir de forma global, parcialmente há uma boa chance de encontrarmos. Acredito que os problemas citados sempre existirão, o desvio para uma melhor situação está justamente em amenizar as suas consequências.

Uma das propostas para mudar este quadro é adotar algumas das ideias da *World Class Maintenance* (Manutenção de Classe Mundial). Significa seguir as "melhores práticas", aplicada nos países de primeiro mundo. Isto significa, conhecer as sistemáticas do primeiro mundo e implementá-las, adequando a cultura da organização. Seria romper com os antigos hábitos e determinar metas tanto de indicadores quanto de forma de desempenho da equipe.

Os gestores têm a grata missão de conhecer e entender o formato ideal de atuação (obtidos através de *Benchmarking* em relação às melhores práticas). Uma vez conhecida, divulgar aos seus subordinados.

Adaptado pelo Engenheiro Júlio Nascif, estes seriam as metas para atender à exigência dos clientes da manutenção:

1. Disponibilidade: razão da manutenção. Quanto maior, melhor.
2. Altos índices de confiabilidade.
3. Custos adequados às necessidades. Evitar o sucateamento dos ativos.
4. Qualidade dos serviços, atendendo às especificações do equipamento.
5. Atendimento às Normas Técnicas, segurança e ambientais.
6. Moral elevada da equipe.
7. Alto nível de gestão, isto é, não adotar "chefes" para atingir metas.
8. Adoção de Sistemas Preventivos de alta tecnologia, quando aplicável.
9. Gestão de contratos com ética e responsabilidades bem definidas.
10. Outros.

O outro caminho a seguir, ou paralelamente, seria a implementação das técnicas conhecidas pelos especialistas e profissionais de manutenção, tais como, Preditiva (monitoramento da condição), Gestão pela RCM, Manutenção Autônoma etc.

Estes são alguns dos pilares, os quais formam uma base sólida para a manutenção industrial iniciar sua caminhada à excelência.

Em um mercado globalizado, de concorrências acirradas e margens cada vez menores, as organizações industriais têm a necessidade de direcionar suas energias ao foco no negócio. A manutenção não é um mero "acessório", ao contrário deve ter prioridades bem claras e objetivas. Entretanto, não há como sustentar um crescimento sem a correta gestão de serviços, incluindo não só um maquinário, mas seguindo ainda as utilidades, instalações e infraestrutura.

4.2 Principais Características da Manutenção de Classe Mundial

Umas das condições preliminares é a interface organizacional bem alinhada, tendo um software corporativo eficaz, desenvolvimento das pessoas, formas de gestão aplicáveis e alta disciplina da equipe. Bem, então quais seriam os passos para se chegar ao nível da Manutenção de Classe Mundial?

Selecionei alguns por ordem de prioridade.

1. Avaliar o estágio de sua gestão em manutenção.

O nível de maturidade da manutenção. Esse nível de desempenho representa a excelência operacional da gestão:

1.1 Nível I: Manutenção Corretiva ou Reativa, ação somente após a falha.

1.2 Nível II: Manutenção Proativa. Preventiva e Preditiva sedimentadas.

1.3 Nível III: Excelência: aplicação de novas tecnologias constante.

1.4 Nível IV: Manutenção de Classe Mundial.

Apesar da evolução no seguimento de serviços, me arrisco a afirmar que há uma grande quantidade de setores neste estágio. Então, passam a frente sem o devido planejamento. O resultado é uma gestão confusa. Por exemplo, um dos questionamentos provenientes desta situação seria algo como: "Apesar do sistema de manutenção preventivo implementado, por que a corretiva continua ocorrendo índices tão elevados"?

É preciso "romper" com os conceitos antigos e mudar. Seguir em frente!

É usual ter ações reativas, mas as mantenha sob controle. Aprimore o plano preventivo tanto quanto possível, observando as novas tecnologias existentes e, finalmente, obtenha índices de classe mundial e trace metas possíveis de serem alcançadas.

Algumas dicas:

1. Elabore em plano de ação, contendo no mínimo (mas não limitado a estes):
    - Identificação do nível atual dos processos de manutenção;
    - Definição de metas de controle do desempenho, em acordo com o nível;
    - Desdobramento das metas até o nível de equipamento/posto de trabalho;
    - Mapeamento dos processos de gestão;
    - Acompanhamento de metas e planos de ação;
    - Avalie o plano de treinamento e qualificação da equipe; e
    - Implantação de técnicas de melhoria contínua (execução e controle).

2. Rever as técnicas de manutenção implantadas

Privilegiar manutenções de monitoramento como preditiva e analisar quais as técnicas proativas podem ser aplicadas. Avalie investimento necessário X retorno (*payback*).

3. Boa gestão de estoques
    1. Alta confiabilidade de estoque;
    2. Obter parcerias estratégicas de fornecimento;
    3. Eliminar grandes estoques; e
    4. Obter e manter bom giro de estoque.

4. Engenharia de Manutenção

Considerada a área estratégica, deve ter atividades incluindo:

a) Uso das técnicas de gestão efetiva, como RCM, tendo um bom planejamento e objetivos claros.

b) Definição de metas, com base na "Manutenção de Classe Mundial," para: disponibilidade e confiabilidade dos ativos.

c) Contribuição expressiva em manter sistemas integrados e interfaces departamentais.

d) Planejamento das atividades a custos compatíveis (o mais reduzido possível), sem deixar de lado os investimentos em melhorias.

5. Treinamento e Capacitação em Equipamentos e Utilidades da Organização

   Aumento do conhecimento até que se tenha o domínio tecnológico do maquinário e utilidades.

6. Boa gestão dos serviços terceirizados, incluindo:
   a) Controle de custos.
   b) Cooperação.
   c) Confiança mútua.
   d) Qualidade.
   e) Segurança.

Obviamente, há mais ações a serem realizadas, umas voltadas áà área operacional, outras mais estratégicas. Os passos devem ser firmes, isto é, ao alcançar um nível, tenha a certeza que está bem implementado e alinhado com as metas da organização. Contudo, estes tópicos servirão para orientá-lo a iniciar um mapeamento da situação atual e planejamento da ideal, para qualificar a sua manutenção.

E mesmo que alcance níveis de excelência siga em busca de melhorias. Lembre o Ciclo PDCA (*Plan, Do, Check and Action*). Esta ferramenta, entretanto, é bem conhecida e aplicada em outras áreas da organização. As empresas certificadas, quando sofre auditorias por órgãos externos, precisam mostrar que seu sistema está estabelecido, mas também que o gestor planeja melhorias.

4.3 Indicadores de Classe Mundial

Os valores dos indicadores de Manutenção Classe Mundial determinam as condições ideais para as melhores práticas serem aplicadas no Brasil. Obtive acesso a alguns valores pesquisados e desta forma, você poderá comparár -los com os de seu departamento.

Em contraponto, é importante levar em conta as grandes diferenças, não só culturais, mas também de recursos. Então, traçar objetivos inatingíveis causará um efeito contrário na equipe, passando de expectativa para um ambiente de desânimo, o qual é muito difícil reverter em curto prazo.

A Manutenção está inserida em áreas industriais, serviços e *facilities*. É requerido conhecimentos diversos, em razão dos inúmeros seguimentos de atuação. A instalação e o reparo de equipamentos estão presentes de alguma maneira em nossas vidas.

Creio que um dos maiores problemas dos gestores é como enxergar e avaliar tudo que está acontecendo, e onde focar para se obter melhores resultados. Portanto, a criação de indicadores e a apresentação em Relatórios Gerenciais facilitaram visualização e o melhor direcionamento do departamento. A comparação, como forma de avaliação, é importante para se situar. É o questionamento, ao que denominamos algo como: Como estamos? Nesse contexto, se introduz os chamados "*Indicadores de Classe Mundial*" ou ainda "*Índices de Classe Mundial*".

São chamados índices ou "Indicadores de Classe Mundial" aqueles que monitoram a condição de excelência da manutenção em todos os países, dessa maneira, independente da área de atuação, ou ramo industrial, a comparação se tornaria viável.

Definitivamente e conforme os especialistas em Gestão de Manutenção são os "*Indicadores de Classe Mundial*":

- Tempo Médio Entre Falhas (TMEF);
- Tempo Médio Para Repara (TMPR);
- Tempo Médio Para Falha (TMPF);
- Disponibilidade de equipamentos (DISP);
- Confiabilidade de equipamentos (CONF);
- Custo de Manutenção por Faturamento (CMFT); e
- Custo de Manutenção por Valor Reposição (CMVR).

As indústrias, de um modo geral, possuem grandes dificuldades em se manter competitivas tendo em vista a pesada carga tributária existente somada, ou não, à crise econômica mundial. Portanto, ter alta rentabilidade se torna item de sobrevivência comum a todos. Neste meio, outros termos vêm à tona como: qualidade, novas tecnologias e alta produtividade, sendo ferramentas para obter os melhores resultados e base para a sustentabilidade de um negócio.

Tabela 4.1 – Tabela contendo alguns dos "Indicadores de Classe Mundial"

Índices de Classe Mundial		
Indicador	**Definição**	**Classe Mundial**
% Disponibilidade	Tempo disponível / tempo máximo disponível	> 90 a 95%
Corretiva não planejada	Custo em US$ / hora	17 a 18
Preventiva	Custo em US$ / hora	11 a 13
Preditiva + Corretiva = Planejada	Custo em US$ / hora	7 a 9

Fonte: Apresentação "Gestão da Manutenção com foco nos Resultados da Empresa" de Júlio Nascif da TECEM, no "Seminário de Manutenção Rio", ano de 2007.

O indicador *Disponibilidade* (a área de produção adota o termo *up time*) ainda é considerado um dos mais importantes. Obter valores acima de 90% é uma façanha que poucos conseguem chegar, tendo em vista os altos tempos gastos pela equipe mantenedora.

Não é suficiente ter uma equipe capacitada capaz de executar rapidamente um serviço. Esquecem-se de considerar os deslocamentos desnecessários, longas esperas para liberação de material, interrupções durante o conserto etc. Em fábricas com manufatura enxuta, se este tempo é deixado de lado, ocasiona perdas não recuperáveis tão facilmente. Para corrigir isso, recorrem a recursos, como horas extras. Outro fator importante é que os retrabalhos necessitam de alta velocidade empregada para compensar o tempo perdido, mas fatalmente induz ao erro humano e, consequentemente, a mais perdas.

A manutenção corretiva "não programada" sempre existirá. Para amenizar os seus efeitos, implementam-se mecanismos estratégicos para esta eventualidade, seja mediante descentralização da manutenção ou um aumento do estoque de peças de reposição.

Os sistemas preventivos são caros, mas este valor é amortizado por valores aceitáveis de Confiabilidade e Disponibilidade ao maquinário, obtemos ganhos justamente reduzindo as perdas e mediante uma maior previsibilidade (Preventiva = parada programada).

A manutenção preditiva, apesar de amplamente divulgada, possui percentual de aplicação a níveis constantes, sem apresentar grande crescimento de utilização. Outro dado a salientar, é que nas empresas de menor porte predominam a manutenção reativa, onde não existe preocupação em obter um gerenciamento das condições, longe de custos mais adequados à sua realidade econômica.

Para obter valores atualizados, acesse sites que tratam do assunto, ou podem lhes fornecer guia de como obter dados atualizados. Particularmente, recomendo a ABRAMAN:

➠ http://www.abraman.org.br

4.4 Tendência Mundial para a Manutenção

Gostaria ainda de passar ao leitor ideias sobre novas tendências mundiais, para tratar de forma diferenciada os serviços de manutenção.

Os sistemas preventivos decididamente devem ser revisados de acordo com a frequência determinada visando maior eficiência. Isso contribui para a redução dos gastos departamentais, uma vez que nas Indústrias siderúrgicas e petroquímicas, ou demais empresas caracterizadas por grandes instalações, os tempos de manutenção preventiva são altos, sendo críticos para o processo de fabricação. Acrescentam-se os valores de mão de obra e materiais, tornando as chamadas "grandes paradas" em um serviço complexo, diferentemente do planejamento para um único equipamento. Avalie se a aplicação da preventiva "por tempo" tem efetividade, não sendo melhor adotar uma frequência baseada em "horas em operação", isto é, como aplicada à manutenção veicular.

Nas empresas de pequeno porte e em algumas de médio porte, a manutenção corretiva é usual, não tendo estrutura para manter um departamento somente para o planejamento. Nas grandes companhias, ela existe e é inerente se há ou não técnicas preventivas.

Se a manutenção corretiva é usual, monitore eficazmente o MTTR (Tempo médio para o reparo). Tenha uma equipe qualificada, ferramenta compatível à atividade e o mais importante: uma boa gestão do estoque de sobressalentes. Se possível, designe pessoal de apoio (Planejamento da Manutenção). Em paradas "não programadas", essas frentes de ação contribuirão para um serviço mais rápido.

Não poderia deixar de expressar minha opinião sobre o fato das companhias não investirem em melhores salários e/ou benefícios. Então, optam por terem empregados medianos e, consequentemente, o resultado é serviço/produto de má qualidade. Este raciocínio se aplica à manutenção. O mercado de trabalho se mantém em constante mudança, mas se nada é feito para manter os melhores talentos, a tendência é que o parque industrial siga para um funcionamento precário, haja vista que os erros de execução dos consertos serão mais frequentes.

Certo gerente me disse uma vez sobre a manutenção ser a área dos "cabelos brancos", isto é, ele comentou sobre a grande longevidade de boa parte do pessoal que atua nesta área e de como era importante que este conhecimento fosse repassado aos mais jovens. Meu pai que foi mecânico de locomotivas inicialmente a vapor e mais tarde, a diesel. Comentava o sobre o fato de que após a sua aposentadoria e de outros colegas, iniciaria um período crítico para a mantenabilidade destes veículos de transporte pesados. Esta particularidade deve ser levada em conta, pois impacta no desenvolvimento contínuo da capacitação departamental. Atualmente, a medicina contribui para uma maior longevidade e, sendo assim, o conhecimento adquirido deve ser repassado através das gerações e isso requer um bom planejamento estratégico.

Outro tema interessante se refere à assistência técnica fornecida pelos fabricantes. Um produto terá grande procura não só pelas condições financeiras de aquisição, mas se houver falhas, o cliente pode contar com a qualidade dos serviços de reparo. Igualmente importante são as descrições de operação, diagnóstico e manutenção inseridas no manual do fabricante, devem ser bem claras, permitindo ao usuário executar inspeções/ajustes até que surja uma situação, onde somente o especialista possa intervir.

O enfoque para a expressão "zero defeito" também é uma meta determinante para a confiabilidade de uma planta industrial, comercial ou de serviços. Este objetivo é obtido somente se houver a investigação criteriosa da origem após a ocorrência de falhas críticas, mediante as técnicas conhecidas e aplicadas sempre em acordo com a cultura e limitações financeiras da organização.

Os defeitos, se identificados num estágio inicial, isto é, antes que eles ampliem o dano, são uma forte estratégia. Isso pode ser obtido a partir de inspeção, ou teste nos sobressalentes, antes de serem instalados no equipamento, pois, uma vez em funcionamento, poderá desencadear um "efeito dominó". Exemplos clássicos são fusíveis de proteção que não atuam ou o uso de rolamento fora de especificação, ambos ocasionarão sérios danos a outros componentes, caso não sejam testados/inspecionados antes da instalação.

Os especialistas consideram a manutenção sem planejamento um dos grandes "vilões" de incremento aos gastos departamentais. É uma condição que induz a equipe a ultrapassar os tempos previstos e até mesmo ao erro na execução.

A tendência natural é criar uma equipe multifuncional, muitos esquecem a avaliação sob o ponto de vista da limitação intelectual ou dificuldade em lidar com alterações de atividades. Essas particularidades próprias do ser humano precisam ser consideradas, pois além do erro operacional, podem ocasionar acidente de trabalho.

Uma limitação, por vezes não considerada, é a dificuldade em realizar um diagnóstico preciso diante da pane indicada pelo usuário. A pior consequência disso é a tomada de decisão errônea, sendo desastrosa para o equipamento. A partir desta situação, o gestor tem como premissa o conhecimento das especialidades de cada subordinado. Ao se deparar com um defeito, ele escolherá o mais indicado para executar o serviço. Ao contrário, o resultado não será adequado caso o defeito seja de grande impacto.

Para reduzir a diferença de capacitação e/ou habilidade entre os membros da equipe, adote uma manutenção com metodologias de trabalho, treinamento e procedimentos operativos de execução e capacitação adequada à tecnologia existente nos equipamentos.

Em geral, há uma insistência em não mudar as rotinas de trabalho. Grande parte dos "velhos mantenedores" resiste às mudanças e insistem em velhas formas de atuação. É claro que são pessoas que merecem respeito e em muitas organizações passam a exercer cargos de consultoria técnica. Ao mantê-los na gestão departamental torna-se um risco, na medida em que as mudanças necessárias são bloqueadas e isso implica num rendimento do maquinário com tendências a permanecer em níveis médios. Em resumo, é uma gestão sem grandes pretensões.

Um enfoque a ser adotado na manutenção é o de atuação estratégica dentro de uma organização. Explico: quando um mantenedor se refere a um equipamento parado como exemplo, O pessoal da produção está com problema". Corrija-o! "Está errado o teu pensamento, nós também estamos encrencados". Se este sentido de perda é considerado pela manutenção, haverá mais empenho e menos máquinas paradas. Este e outros fatores nos diferenciam de outros países. Nós, brasileiros, raciocinamos desta forma: "Eles que resolvam, afinal, o problema é deles!" Perdoem os colegas de profissão, mas se olharem a sua volta, verão que é o jeito de encarar a nossa vida pessoal, imaginem no trabalho.

Uma das culturas não ocidentais mais admiráveis é a japonesa, em razão não só da qualidade de vida alcançada com muito esforço, mas também, por ter uma das melhores características profissionais para se chegar ao sucesso: a disciplina. No meu primeiro livro, já citado, descrevo diversas técnicas de gestão nascidas ou aprimoradas no Japão. Aceitem ou não, é inquestionável o seu desenvolvimento tecnológico contínuo em vários seguimentos, sem deixar de respeitar seus princípios de vida. Portanto, caro leitor, temos um longo caminho pela frente.

NOTA DO AUTOR

Este capítulo teve como base diversos artigos e palestras sobre a WORLD CLASS MAITENANCE (Manutenção Classe Mundial) de Júlio de Aquino Nascif Xavier, engenheiro mecânico com diversas especializações em engenharia de equipamentos e turbomáquinas. Palestrante em Congressos e Seminários do Brasil. Além de atuações pela ABRAMAN, é diretor da TECEM – Tecnologia Empresarial de consultoria e assessoria na área de manutenção e gestão empresarial.

Referências Bibliográficas

ABRAMAN - ASSOCIAÇÃO BRASILEIRA DE MANUTENÇÃO E GESTÃO DE ATIVOS. *A Situação da Manutenção no Brasil* - Documento Nacional 2007. Disponível em: <http://www.abraman.org.br>. Acesso em: jul. 2008.

CALVILHO, Eduardo Magalhães. *Plano de Manutenção em Unidades Offshore. In*: SEMINÁRIO DE MANUTENÇÃO RIO, 4., 2007. Canoas: Camargo Corrêa – UTE; Rio de Janeiro: Abraman, 2007.

FILHO, Hayrton Rodrigues do Prado. As Normas para Gestão de Ativos. *Portal Banas Qualidade*. Disponível em: <http://www.banasqualidade.com.br/2012>.

FITCH, James C. *Manutenção Proativa pode economizar 10 vezes mais do que práticas de Manutenção Preditiva/Preventiva convencionais*. Rio de Janeiro: SOTREQ S/A Grupos Geradores, 2008.

MARTINS, Carolina. *A Gestão de Ativos e a Série ABNT NBR ISO 55000*. **São Paulo: Procobre, 2010. Disponível em:** <http://procobre.org/pt/noticias/a-gestao-de-ativos-e-a-serie-abnt-nbr-iso-55000/>.

MEIO FILTRANTE. Monitoramento baseado em condições dos fluídos. *Revista Eletrônica Meio Filtrante*, Santo André, 2002a. Disponível em: <http://www.meiofiltrante.com.br>. Acesso em: jul. 2008.

______. O papel dos filtros na Evolução dos Sistemas Hidráulicos. *Revista Eletrônica Meio Filtrante*, Santo André, 2002b. Disponível em: <http://www.meiofiltrante.com.br>. Acesso em: jul. 2008.

NASCIF, Júlio de Aquino. *Manutenção Focada no Resultado da Empresa. In:* SEMINÁRIO DE MANUTENÇÃO RIO, 3., 2007. Rio de Janeiro: Tecém; Abraman, 2007.

NETO, Pedro Cirino da Silva. *Manutenção Competitiva. In:* SEMINÁRIO DE MANUTENÇÃO RIO, 2., 2007. Rio de Janeiro: Acesita/Arcelormittal; Abraman, 2007.

RIBEIRO, Edílson Soares. *ODR* – Confiabilidade Direcionada pelo Operador – A Manutenção Autônoma e o Novo Ambiente Tecnológico. *In:* SEMINÁRIO DE MANUTENÇÃO RIO, 5., 2007. Rio de Janeiro: SKF do Brasil; Abraman, 2007.

STRIEDER, Roberto; LEMMERTZ, Iona Souza. *Tratamento Químico em Águas de Resfriamento*. Novo Hamburgo: Kurita do Brasil Ltda., 2008.

SOUZA, Maria Sílvia Martins de. Métodos Analíticos para Lubrificantes e Isolantes. *Química e Derivados*. Disponível em: <http://www.quimica.com.br/revista/qd382/oleos2.htm>. Acesso em: out. de 2009.

Impressão e acabamento
Gráfica da Editora Ciência Moderna Ltda.
Tel: (21) 2201-6662